# Die Fortschritte

des

# Beleuchtungswesens und der Gasindustrie

im

# Jahre 1910

---

## Im Auftrage

des

Vereines der Gas= und Wasserfachmänner in Österreich=Ungarn

zusammengestellt von

# Prof. Dr. H. STRACHE

Leiter der Versuchsanstalt für Gasbeleuchtung, Brennstoffe und Feuerungsanlagen
an der k. k. technischen Hochschule in Wien, Rat des k. k. Patentamtes

---

Mit 56 in den Text gedruckten Abbildungen

München und Berlin
Druck und Verlag von R. Oldenbourg
1911

# Inhalts-Verzeichnis.

## Die Fortschritte des Beleuchtungswesens und der Gasindustrie im Jahre 1910.

# Die Fortschritte des Beleuchtungswesens und der Gasindustrie im Jahre 1910.

Im Auftrage des Vereins der Gas- und Wasserfachmänner in Österreich-Ungarn, zusammengestellt von Prof. Dr. H. S t r a c h e , Leiter der Versuchsanstalt für Gasbeleuchtung, Brennstoffe und Feuerungsanlagen an der k. k. Technischen Hochschule in Wien, Rat des k. k. Patentamtes.

**Geschichtliches, Entwicklung des Gasabsatzes.** Kaum $1\frac{1}{2}$ Jahrhunderte steht das Wort »Gas« in Gebrauch; es ist ein interessanter Zufall, daß es zum erstenmal in Deutschland im Anschluß an die Ballonaufstiege der Brüder Mongolfier in Paris benutzt wurde, daß also die erste Verwendung des »Gases« der Aeronautik zukommt. Wie sehr hat sich mittlerweile die Verwendung des Gases entwickelt, wogegen die Aeronautik erst jetzt beginnt, in der Entwicklung nachzufolgen.

Das Wort »Gas« wurde von J. B. v a n H e l m o n t in die Sprache eingeführt[1]). Es soll nach S t r u n z und L i p p m a n n durch Umbildung des griechischen Wortes »chaos« entstanden sein. Andere meinen, daß es von dem Worte »Akaska« abgeleitet sei, womit in der Vendenliteratur der Lichtäther benannt ist. R a m s a y ist dagegen der Ansicht, daß es von »Geist« abstamme. Ebenso leitet es J u n k e r [2]) von »Gäscht« oder »Gäszt« und L a v o i s i e r von dem holländischen »Ghvast« ab. Nach v a n H e l m o n t s Tode erscheint es 1778 im Diktionair de Chimie von M a c q u e r. Der Wörterbuchverfasser A d e - l u n g meinte, er hoffe, daß unsere Naturkundigen ein schicklicheres Wort, welches nicht so sehr das Gepräge der Alchimie an sich hätte, ausfindig machten. Diesem Wunsche sind die Naturkundigen allerdings nicht nachgekommen, aber es erscheint uns auch durchaus nicht notwendig, das so kurze und prägnante Wort durch ein anderes zu ersetzen.

Wenn wir die jetzige Beleuchtung der Straßen unserer Großstädte betrachten, so fällt zunächst auf, daß in den verkehrsreichen Straßen die öffentliche Straßenbeleuchtung nur einen kleinen Bruchteil des Lichtes liefert, während die Hauptmenge des Lichtes seitens der Geschäftsinhaber, ohne daß eine Verpflichtung hierfür bestände und ohne jedes Entgelt, beigestellt wird. Die Beleuchtung wird dadurch eine außerordentlich unregelmäßige, blendende, und es entsteht die Frage, ob es nicht an der Zeit wäre, außer den Vereinen zur Bekämpfung der Rauch- und Staubplage auch solche zur Bekämpfung der Lichtplage zu gründen. Doch nicht die zu große Menge des Lichtes ist es, die zu bekämpfen wäre, sondern nur ihre unregelmäßige Verteilung.

Wie wichtig eine möglichst intensive Beleuchtung für den Geschäftsverkehr ist, zeigt eine interessante Untersuchung, welche D o h e r t y [3]) in Denver (New York) vornahm. Er

---

[1]) Journ. f. Gasbel. 1910 S. 358.

[2]) S p e t e r: Chem. Zeitg. 23 S. 193. Zeitschr. d. österr. Gasver. 1910 S. 235.

[3]) The Illuminating Eng. 4 S. 225. Zeitschr. d. österr. Gasver. 1910 S. 235.

zählte die Fußgänger und vorbeifahrenden Leute in verschiedenen Straßen nach Einbruch der Dunkelheit und bewies dadurch die große Anziehungskraft des Lichtes auf das Publikum. Diese war bei gut beleuchteten Läden direkt abhängig vom Betrage des zunutze gemachten Lichtes. Die Anzahl der Fußgänger pro eine Kerze aufgewendeter Lichtstärke betrug 0,38 bis 1,27. Es liegt also in höchstem Maße im Interesse der Geschäftsinhaber, die Straßen, in welche der abendliche Menschenstrom gelenkt werden soll, möglichst hell zu erleuchten, doch die Öffentlichkeit hätte ein Recht, auf eine größere Gleichmäßigkeit dieser Beleuchtung zu dringen.

Trotz der vielen Wasserkräfte, welche bereits zur Lichterzeugung herangezogen werden, obliegt die Lichtversorgung in weitaus überwiegendem Maße noch immer der Kohle und dem Erdöl, die in elektrische Energie oder in die Gasform umgesetzt das Lichtbedürfnis decken.

Jedoch der Kohlenvorrat der Erde ist ein begrenzter. Es ist eine Pflicht, die wir gegenüber unseren Nachkommen haben, mit diesen Vorräten sparsam umzugehen. Durch die Gasheizung haben wir bereits ein Mittel, die Kohle sparsamer zu verwenden, als es bei der direkten Kohlenheizung geschieht. Der Nutzeffekt der Gasheizung ist ein außerordentlich günstiger. Nicht so steht es jedoch mit den Nutzeffekten, die wir bei der Beleuchtung erzielen. Hier könnte hundertmal mehr erzielt werden, doch wenn auch die Ausnutzung des Gases zur Lichtentwicklung noch eine außerordentlich ungünstige ist — ungünstiger als bei der Verwendung des elektrischen Stromes —, so stellt sich doch der Gesamtnutzeffekt günstiger wenn wir die Kohle erst in Gasform überführen, als wenn wir ihre Energie erst in elektrische Energie umwandeln. In letzterem Falle sind nämlich die Verluste der Umwandlung so groß, daß die bessere Umsetzung der Elektrizität in Licht dadurch reichlich aufgewogen wird.

F r e c h [1]) gibt eine Zusammenstellung über die Kohlenvorräte der Erde. Danach dürften die Kohlenreviere von Zentralfrankreich, Zentralböhmen, Königreich Sachsen, Waldenburg-Schatzlarer-Revier, Durham und Northumberland noch durch 100 bis 200 Jahre Kohlen liefern können. Die übrigen englischen Kohlenfelder können 250 bis 300 Jahre, die nordfranzösischen 350 bis 400 Jahre, die Saarbrückener 300 bis 500 Jahre, die nordamerikanischen ca. 200 Jahre aushalten. Reicher sind die Kohlenreviere Belgiens und des Aachener und niederrheinisch-westfälischen Kohlenbeckens, die noch mehr als 800 Jahre und das oberschlesische Revier, das noch mehr als 800 bis 1000 Jahre reichen dürfte.

In wie umfangreicher Weise man sich in hochentwickelten Kulturstaaten die Vorteile der Vergasung der Kohle zunutze macht, geht aus einer Zusammenstellung hervor, die D a v i d s o h n [2]) über die Mengen und den Wert der Produkte und Nebenprodukte der Gasindustrie in Großbritannien gab. Danach werden dort jährlich 16 Millionen Tonnen Kohle mit einem Wert von 200 Millionen Mark nebst 270,000 cbm Öl mit einem Wert von 14 Millionen Mark vergast und hieraus 5,4 Milliarden cbm Gas mit einem Wert von 480 Millionen Mark gewonnen. In den Vereinigten Staaten findet das karburierte Wassergas noch größere Verwendung als das Steinkohlengas. Die durchschnittliche Zunahme in Prozenten beträgt trotz der Konkurrenz der Elektrizität und der eigenen Herstellung des Gases durch große Fabriken allein in den Gaszentralen Englands zweimal mehr als die Zunahme der Bevölkerungsziffer.[3])

B u n t e [4]) schätzte den Gaskonsum Deutschlands auf jährlich 2 Milliarden cbm. Daß bei einem großen Absatz pro Kopf der Bevölkerung das Gas auch außerordentlich

---

[1]) Journ. f. Gasbel. 1910 S. 504. Berg- u. Hüttenmännische Zeitschr. Glückauf Nr. 17 u. 19.

[2]) Journ. f. Chem. Ind. 1909 S. 1283 bis 1290. Journ. f. Gasbel. 1910 S. 1173.

[3]) D a v i d s o n , Journ. of Gaslightg. 1910 S. 99. Journ. f. Gasbel. 1910 S. 295.

[4]) Zeitschr. d. österr. Gasver. 1910 S. 405.

billig abgegeben werden kann, beweist die W a n d s w o r t h & P u t h n e y  G a s C o m -
p a n y , welche das Gas in London für gewöhnliche Zwecke zu 7,7 h pro cbm und für Kraft-
und Industriezwecke noch um 15% billiger liefert. Auch die elektrischen Überlandzentralen
vermögen dem Gaskonsum nicht viel zu schaden. In einer Stadt I.[1]) hob sich der Gaskonsum
trotz der Konkurrenz einer elektrischen Überlandzentrale um 20 000 cbm jährlich. Dort
findet die Elektrizität für Beleuchtung fast gar keine Abnehmer trotz des billigen Preises
von 30 Pf. für die KW/Std. Seit die Einwohner den Unterschied zwischen elektrischer
und Gasbeleuchtung selbst sehen können, wird das Gas der Elektrizität vorgezogen.

Auch die ungünstigen wirtschaftlichen Verhältnisse der letzten Jahre konnten in
manchen Werken die technischen und finanziellen Erfolge nicht beeinträchtigen[2]). Entgegen der Konkurrenz der Metallfadenlampe hat das Gas in dem Hängelicht einen Fortschritt erreicht, der günstige Folgen erwarten läßt. Zwar ist mit seiner Einführung ein momen-
taner Rückgang des Gasverbrauchs verbunden, aber die Vorzüge des sparsameren Verbrauches werden sich schließlich auch in einer Steigerung des Verbrauches äußern.

Auch das Hamburger Gaswerk[3]) erzielte in den letzten zehn Jahren eine Steigerung
des Gaskonsums von fast 100%.

In der Schweiz wurde in jenen Werken eine Zunahme um fast 40% erreicht, welche
den D o p p e l t a r i f eingehalten haben. Es hat sich dort der Einheitspreis wegen der zu hohen
Kosten des Heizgases nicht bewährt[4]). A l b r e c h t[5]) empfiehlt den Einheitspreis nur für das
Gas zum Hausgebrauch anzuwenden, dagegen Gas für gewerbliche und motorische Zwecke
billiger zu berechnen. In Wien[6]) hat sich die Einführung des Einheitspreises bewährt, dort
ist der mittlere Jahresverbrauch pro Kopf der Bevölkerung in zehn Jahren um 46% gestiegen und die Zahl der Gasabnehmer auf je 1000 Einwohner hat sich in derselben Zeit von
59 auf 90 gehoben. Die Konsumdichte beträgt jetzt 161 cbm pro 1 km und Jahr.

### Das Auge, Nutzeffekte der Lichtquellen und das mechanische Lichtäquivalent.

S c h a n z & S t o c k h a u s e n[7]) empfehlen mit Recht, bei der Ausführung von
Beleuchtungsanlagen mehr Wert auf den physiologischen Eindruck zu legen, welchen sie
auf das Auge machen. Oberhalb einer bestimmten Grenze der Helligkeit kann das Auge
sich nicht mehr dem eindringenden Lichtstrom anpassen und wird geblendet. Sie weisen
neuerdings darauf hin, daß außer den sichtbaren Strahlen auch besonders die unsichtbaren
ultravioletten Strahlen an den Blendungsvorgängen beteiligt sind, indem sie die Augen-
linse zu lebhafter Fluoreszenz erregen. Die Strahlen von der Wellenlänge 375 bis 320 Milli-
mikron verändern die Substanz der Linse und sollen als Ursache des Alterstars aufzufassen
sein. Die Zeit, die verstreicht, ehe das Auge von einer Lichtquelle so weit beeinflußt wird,
daß ein Nachbild entsteht, und die Zeit, innerhalb welcher das Nachbild bei geschlossenem
Auge verschwindet, kann als Maß für die Größe der Blendung benutzt werden; wenn man
0,57 HK pro qm als die größte hygienisch zulässige Flächenhelle hinstellt, genügen nur
der Kinspan, die Kerzenflammen, die Öllampen und die Gasschnittbrenner dieser Forderung.
Alle anderen modernen Beleuchtungsmittel übersteigen dieses Maß erheblich. So hat z. B.
das Gasglühlicht eine Flächenhelle von 5 bis 7, die elektrische Kohlenfadenlampe 57 bis

---

[1]) Journ. f. Gasbel. 1910 S. 319.

[2]) Verwaltungsbericht Plauen, Journ. f. Gasbel. 1910 S. 989.

[3]) K r a u s e : Erweiterung d. Hamburger Gaswerkes. Journ. f. Gasbel. 1910 S. 261.

[4]) Journ. f. Gasbel. 1910 S. 1133.

[5]) Zeitschr. d. österr. Gasver. 1910 S. 287.

[6]) Zeitschr. d. österr. Gasver. 1910 S. 518.

[7]) Journ. f. Gasbel. 1910 S. 805. Zeitschr. d. österr. Gasver. 1910 S. 458.

117 und die Metallfadenlampe sogar 185 bis 365 Kerzen pro qcm Helligkeit. Die Verfasser schlagen neuerdings das Euphosglas[1]) als Schutz gegen die ultravioletten Strahlen vor. Dieser Vorschlag erweckte gelegentlich einer Diskussion im Elektrotechnikerverband in Erfurt[2]) lebhaften Widerspruch. Es wurde nicht zugegeben, daß die künstlichen Lichtquellen erheblich reicher an ultravioletten Strahlen seien als das Sonnenlicht.

Auch B i r c h  u n d  H i r s c h f e l d [3]) halten es nicht für notwendig, die ultravioletten Strahlen dem Auge fernzuhalten. Bei Schneefeldern sind es nach H e r t e l [4]) hauptsächlich die gelbgrünen Strahlen, welche wegen ihrer hohen Intensität das Auge reizen. V o g t [5]) suchte nachzuweisen, daß die Fluoreszenz der Linse nicht nur eine Wirkung der ultravioletten, sondern auch der sichtbaren Strahlen sei. Letzteres bestätigen auch S c h a n z & S t o c k h a u s e n [6]) mit der Feststellung, daß die Fluoreszenz im Blau beginnt, aber im Ultraviolett am stärksten wird. Durch das Euphosglas werde aber auch das blaue und violette Licht vernichtet[7]).

S t i g l e r [8]) hat durch Versuche festgestellt, daß die rechte und die linke Hälfte der Netzhaut weniger verschieden sind in ihrer Empfindungskraft als die obere und die untere Hälfte. F l e i s c h e l versuchte die verminderte Empfindlichkeit der unteren Hälfte dadurch zu erklären, daß das Bild des Firmamentes und auch unserer künstlichen Lichtquellen die untere Hälfte stärker beansprucht als die obere. Da dies bei Lichtmessungen von Einfluß sein kann, werden wir im Kapitel über Photometrie darauf zurückkommen.

Neue Bezeichnungen, die für die Bestimmung der Nutzeffekte der Lichtquellen von Wichtigkeit sind, schlägt L e i m b a c h [9]) in einem Artikel über die Strahlungseigenschaften des elektrischen Glühlichtes vor. Er bezeichnet

1. als spezifischen Wattverbrauch die zur Erzeugung einer Kerzenstärke erforderlichen Watt,
2. als mittlere sphärische Gesamtstrahlung den Mittelwert der in Strahlung verwandelten Energie,
3. als mittlere sphärische Lichtstrahlung den Anteil der Gesamtstrahlung, der auf die Lichtstrahlung entfällt,
4. als relatives Strahlungsvermögen den Quotienten aus der Gesamtstrahlung und der aufgewendeten Energie,
5. als Lichteffekt den Quotienten aus der Lichtstrahlung und der Gesamtstrahlung,
6. als Nutzeffekt das Verhältnis der Lichtstrahlung zur aufgewendeten Energie.
7. als Wirkungsgrad das Verhältnis des Energiewertes der Lichtstrahlung der Hefnerlampe zum spezifischen Wattverbrauch,
8. als absolute spezifische Lichtstrahlung das Verhältnis der mittleren sphärischen Lichtstrahlung zur mittleren sphärischen Kerzenstärke.

Der letzte Wert wurde früher als mechanisches Lichtäquivalent bezeichnet. L e i m - b a c h hebt hervor, daß die von W e d d i n g gefundenen Werte fehlerhaft seien, weil er die Untersuchungen mit Zwischenschaltung eines Deckglases machte, und weil er die ab-

[1]) Zu beziehen durch die Glashüttenwerke G e b r ü d e r  P u t z l e r in Penzig, Schlesien.
[2]) Elektrotechn. Zeitschr. 1908 S. 777.
[3]) Annalen der Elektrotechnik 1908 S. 479.
[4]) Elektrotechn. Zeitschr. 1908 S. 848.
[5]) Archiv f. Augenheilkunde 1909 S. 344.
[6]) G r ä f e s Archiv f. Ophthalmologie 1910 S. 183.
[7]) Archiv f. Augenheilkunde 1910 S. 408. Vgl. auch P r e s s e r , Journ. f. Gasbel. 1910 S. 1028.
[8]) Zeitschr. f. Sinnesphysiologie 1909 S. 62. Journ. f. Gasbel. 1910 S. 67.
[9]) Journ. f. Gasbel. 1910 S. 924.

sorbierenden Eigenschaften des benutzten Wärmefilters nicht genau kannte. Er gibt in einer Tabelle die Zusammenstellung der von ihm erhaltenen Resultate, in welchen die Versuche an elektrischen Glühlampen bei verschiedenen Spannungen von Interesse sind.

**Spezifische Wärme, Flammentemperaturen, Pyrometrie.** Die Flammentemperaturen werden noch immer stark schwankend angegeben. H a b e r u n d H o d s m a n [1] schätzen die Temperatur der Kohlenoxydsauerstoffflamme auf 2600⁰, die der Wasserstoffsauerstoff-flamme auf mehr als 3000⁰. Nach E. B a u e r [2] beträgt hingegen die Maximaltemperatur der Knallgasflamme nur 2200 bis 2300⁰ und die der Bunsenflamme[3] ca. 1750⁰. Letztere wurde von H. S c h m i e d t [4] zu 1800⁰ am Rande und zu 1600⁰ in der Mitte angegeben.

Die spezifische Wärme des Wasserdampfes, des Stickstoffs und des Wasserstoffs bei sehr hohen Temperaturen wurden von P i e r [5] durch Druckmessungen neuerdings bestimmt.

Danach sind die spezifischen Wärmen bei konstantem Volum für die Temperaturen von 0 bis 2350⁰ durch folgende Formeln gegeben.

$$\text{Für } H_2O \quad 6{,}065 + 5 \cdot 10^{-4} \ t + 0{,}2 \cdot 10^{-9} \ t^3$$
$$\text{»} \quad N_2 \quad 4{,}900 + 4{,}5 \cdot 10^{-4} \ t$$
$$\text{»} \quad H_2 \quad 4{,}700 + 4{,}5 \cdot 10^{-4} \ t.$$

Ein selbstregistrierendes Pyrometer, welches auf Grund des W i b o r g h schen Prinzipes, jedoch automatisch, arbeitet, hat sich A r n d t [6] durch D. R. P. 218 144 und 218 502 schützen lassen. Es werden dabei in das Pyrometergefäß bestimmte, immer gleichbleibende Luftmengen hineingepreßt und die Volumvermehrung, welche dieselben erfahren, angezeigt. Diese gleichbleibenden Luftmengen werden durch intermittierenden Flüssigkeitsdruck geliefert.

**Kalorimetrie.** Die britische Wärmeeinheit ist bekanntlich jene Wärmemenge, welche erforderlich ist, um ein englisches Pfund Wasser um 1⁰ F zu erwärmen. Sie wird als British-Termal-Unit (B. T. U.) bezeichnet und ist gleich 0,252 Kal. Handelt es sich um Heizwerte fester Brennstoffe, so ist zu berücksichtigen, daß diese ebenfalls nicht nach Kilogramm, sondern nach englischen Pfunden gerechnet werden und daß daher der Umrechnungsfaktor nicht 0,252 beträgt, sondern sich nur verhält wie die Celsiusgrade zu den Fahrenheitgraden[7].

Über Fehler, welche bei Untersuchungen mit dem J u n k e r s schen Gaskalorimeter entstehen können, berichtet H o l g a t e [8]. Die Abgase entführen dem Kalorimeter eine bestimmte Wärmemenge, die im allgemeinen 6 Kal. pro 1 cbm für je 1⁰ C Temperaturdifferenz gegenüber der Zimmerluft beträgt. Wenn jedoch überschüssige Luft in das Kalorimeter eingeführt wird, so kann der Verlust wesentlich höher sein, Fehler können auch zufolge des Feuchtigkeitsgehaltes der Luft entstehen. Diese kondensiert sich und erscheint als Verbrennungswasser, was irrtümlich einen größeren Gehalt an Wasserstoff im Gase erscheinen läßt und wodurch ein Fehler in der Berechnung des unteren Heizwertes entsteht.

---

[1] Journ. f. Gasbel. 1910 S. 400. Chem. Zeitg. 1909 S. 1113.

[2] Chem. Zeitg. 1909 S. 582.

[3] Chem. Zeitg. 1909 S. 1794.

[4] Chem. Zeitg. 1909 S. 1078.

[5] Zeitschr. f. Elektrochemie 1909 S. 536. Journ. f. Gasbel. 1910 S. 210.

[6] Journ. f. Gasbel. 1910 S. 928.

[7] Einkauf der Kohle nach dem Heizwert, Österr.-Ungar. Eisenbahnblatt 15. Jahrg. Nr. 14, Zeitschr. d. österr. Gasver. 1910 S. 207.

[8] Journ. of Gaslightg. 1910 S. 355, 432, 573, 655. Journ. f. Gasbel. 1910 S. 723.

Die Versuche sind bei Steinkohlengas nur dann fehlerfrei, wenn die in der folgenden Tabelle angegebenen Verhältnisse zwischen Luftüberschuß und relativer Feuchtigkeit bestehen.

| Luftüberschuß $^0/_0$ | relative Feuchtigkeit $^0/_0$ |
|---|---|
| 0 | 69,4 |
| 12,5 | 72,8 |
| 25 | 75,5 |
| 37,5 | 77,7 |
| 40 | 78 |
| 50 | 79,6 |

Holgate gibt ferner die Größe der Korrektur für die wahrnehmbare Wärme der Abgase bei verschiedenem Luftüberschuß und die Korrektur wegen Veränderung des Feuchtigkeitsgehaltes der Luft an. Erstere kommt nur für den oberen Heizwert in Betracht, letztere muß sowohl betreffs des oberen als auch betreffs des unteren Heizwertes berücksichtigt werden. Bei genauen Messungen ist auch die Temperatur des Kondenswassers in Rechnung zu stellen. Eine Wägung des Kondenswassers ist der Messung vorzuziehen.

Ein neues registrierendes Gaskalorimeter beschreiben B e a s l e y & B r a d b u r y [1]. Bei diesem wird das Gasgewicht und die zutretende Luft durch besondere Vorrichtungen konstant gehalten. Die Verbrennungsprodukte werden in einer Rohrspirale abgekühlt und können dann in einen gewöhnlichen Gasanalysenapparat eingeleitet werden. Die Wärme wird von der Spirale auf fließendes Wasser übertragen, dessen Temperaturzunahme automatisch registriert wird. Dazu dienen zwei kugelförmige Metallgefäße, die als Thermometerkugeln fungieren. Sie sind durch dünne Röhren mit aneroïdartigen Instrumenten verbunden, welche die Ausdehnung registrieren. Vor der Verbrennung werden Gas und Luft mit Wasserdampf gesättigt und auf gleiche Temperatur gebracht.

Ein einfaches Gaskalorimeter, welches eigentlich ein Apparat zur Bestimmung des Luftbedarfes eines Gases ist, hat sich O t t [2] durch D. R. P. 214 295 schützen lassen. Es besteht aus einem Bunsenbrenner, dessen Luftzuführungsöffnung regelbar ist, deren Stellung an einer Skala abgelesen werden kann. Die Regelung wird so lange vorgenommen, bis die gelbe Spitze der Flamme verschwindet. Zur Konstanthaltung des Gaszuflusses ist eine Kapillare vorgeschaltet, deren Widerstand konstant gehalten und an einem Differenzialmanometer abgelesen wird.

T e c l u [3] sucht den Heizwert der Gase durch den Explosionsdruck zu bestimmen. In ein kugelförmiges Gefäß, das mit dem Gase gefüllt ist, läßt man allmählich Luft eintreten, entzündet das oben austretende Gas und im Momente des Zurückschlagens wird durch die Explosion ein Abschlußorgan weggeschleudert, welches sich an einem drehbaren Arm befindet. Dieser Arm spielt auf einem Teilkreis und wird in seiner höchsten Stellung automatisch festgeklemmt. Da jedoch der Moment des Zurückschlagens der Flamme von verschiedenen unkontrollierbaren Umständen abhängig ist, dürfte der so erhaltene Explosionsdruck nur in sehr roher Weise auf den Heizwert des Gases schließen lassen.

Ein Kalorimeter, bei welchem die Wärmemenge, welche bei der Explosion eines Gasluftgemisches entsteht, gemessen wird, hat S t r a c h e angegeben[4]. Bei diesem ist eine gläserne Explosionspipette konzentrisch in eine Glashülle eingeschlossen, so daß die gesamte Wärmemenge auf die zwischen den beiden Gläsern befindliche Luft übertragen

---

[1] Zeitschr. f. Beleuchtungswesen 1910 S. 386. Zeitschr. d. österr. Gasver. 1910 S. 606.
[2] Journ. f. Gasbel. 1910 S. 427.
[3] Journ. f. Gasbel. 1910 S. 46.
[4] Zeitschr. d. österr. Gasver. 1910 S. 25.

wird. Die Ausdehnung dieser Luft wird an einem Manometerrohr gemessen. Der Apparat wird mit Wasserstoff geeicht. Die Vorzüge sind: Unabhängigkeit von einer Wasserleitung und daraus resultierende Transportfähigkeit, der geringe Gasbedarf von nur 30 ccm, die Schnelligkeit der Bestimmungen, die Billigkeit des Apparates und die Unabhängigkeit der Anzeige von der Temperatur und dem Druck, da das abzumessende Gasvolum stets unter gleichen Umständen mit einem Normalluftvolum verglichen wird.

Ein neuartiges Gaskalorimeter hat P a r r [1]) angegeben. Bei diesem werden ebenfalls gleiche Gasvolumina unter gleichen Bedingungen miteinander verglichen und wird auch bei diesem ein Normalgas zum Vergleich des Heizwertes herangezogen.

L o y d & P a a r [2]) haben einen Vergleich verschiedener Kalorimeter für feste Brennstoffe durchgeführt. Mit allen untersuchten Kalorimetern, nämlich mit jenen von B r y a n d , D o n k i n , R o l a n d , W i l d , D a r l i n g , L e w i s , T h o m s o n wurden recht unsichere Werte erhalten.

In den Vereinigten Staaten ist eine Kommission mit der Feststellung des zweckmäßigsten Gaskalorimeters beauftragt[3]).

Über die Genauigkeit bei der Heizwertbestimmung von Brennstoffen berichtet H u n t l y [4]). Eine Genauigkeit von 1 bis 2 Tausendstel kann bei den Temperaturmessungen nicht überschritten werden. Bei Anwendung von in $1/50$ oder $1/100$ ° geteilten Thermometern ergibt sich in Wirklichkeit keine Erhöhung der Genauigkeit, da die Thermometer nicht mit der der Teilung entsprechenden Genauigkeit arbeiten. Auch bei der Probenahme der Kohlen sind Unterschiede von 2% bei derselben Ladung möglich.

L a n g b e i n [5]) hat bei der B e r t h e l o t - M a h l e r schen Bombe die Schwierigkeiten der häufigen Neuemaillierung dadurch umgangen, daß er ein auswechselbares Einsatzgefäß hineingibt.

Die Untersuchung von Gasheizöfen hat es erforderlich gemacht, auch die von den Öfen ausgestrahlte Wärme zu prüfen. Umfangreiche Versuche sind diesbezüglich von der Gasheizkommission der Universität Leeds ausgeführt worden[6]). Die Bestimmungen wurden dort in der Weise ausgeführt, daß ein Radiometer 87 cm weit vom Ofen entfernt aufgestellt und mit diesem die strahlende Wärme direkt in Kalorien gemessen wurde. An der gleichen Stelle wurde eine Thermosäule aufgestellt und so gewissermaßen eine Eichung der Thermosäule durchgeführt, dann wurde die letztere in der Oberfläche einer Halbkugel mit dem Radius von 87 cm nach allen Richtungen hin verschoben und die jeweiligen Ausschläge notiert, welche dann auf Kalorien umgerechnet werden konnten.

**Photometrie.** Die von den Vereinigten Staaten, England und Frankreich vorgeschlagene »Internationale Kerze« ist auch im abgelaufenen Jahre Gegenstand der Diskussion gewesen. S t r a t t o n , der Direktor des Bureaus of Standarts in Washington, rechtfertigt den Standpunkt des letzteren in einer Zuschrift an Geheimrat B u n t e [7]). Er führt darin aus, daß die Kohlenfadenglühlampen als photometrische Etalons geeigneter seien als die anderen Lichteinheiten. Zwischen verschiedenen Hefnerlampen bestünden leichte Unterschiede, welche größer seien als die Unsicherheit einer durch elektrische Glühlampenetalons festgelegten internationalen Einheit. Es sei wissenschaftlicher, eine internationale Einheit

[1]) Journ. Industrial Eng. Chem. 1910 S. 337. Zeitschr. d. österr. Gasver. 1910 S. 558.

[2]) Journ. Soc. Chem. Ind. 1910 S. 741. Journ. f. Gasbel. 1910 S. 879.

[3]) Journ. of Gaslightg. 1910 S. 30. Journ. f. Gasbel. 1910 S. 315.

[4]) Chem. Zeitg. 1910 S. 650. Journ. f. Gasbel. 1910 S. 767.

[5]) Chem. Zeitg. 1909 S. 1055. Journ. f. Gasbel. 1910 S. 210.

[6]) Journ. of Gaslightg. 1910 S. 417. Journ. f. Gasbel. 1910 S. 725.

[7]) Journ. f. Gasbel. 1910 S. 63.

durch Glühlampen zu begründen, als auf eine einzige Flammenlichteinheit, welche zugegebenermaßen gewissen Unsicherheiten unterliege. Überdies hätten nicht nur die drei genannten Staaten, sondern auch die britischen Kolonien, Mexiko, Japan, Schweden und Ungarn der internationalen Kerze zugestimmt. Es seien alle Nationen eingeladen worden, diese Einheit anzunehmen, und somit hoffe er, daß der Bezeichnung »Internationale Kerze« ferner nicht mehr widersprochen werde.

Das Journal für Gasbeleuchtung und Wasserversorgung bemerkt zu dieser Rechtfertigung, daß nicht behauptet werden könne, die elektrische Glühlampe sei als Lichteinheit genauer als die Hefnerlampe. Abweichungen in der elektrischen Energie haben zehnfache Abweichungen der Helligkeit der elektrischen Glühlampen zur Folge. Ob die Genauigkeit derselben auf 0,1 bis 0,2% getrieben werden könne, sei fraglich. Der kleinste mittlere Fehler einer photometrischen Einstellung wurde von L u m m e r & B r o d h u n für ihr Kontrastphotometer mit 0,22% angegeben. Wer bürgt aber dafür, daß die amerikanische Normalglühlampe wirklich konstant bleibe und nicht allmählich von ihrem Werte mehr und mehr abweicht? Eine photometrische Einheit dürfe nicht als international bezeichnet werden, wenn die Vertreter eines bedeutenden Landes wie Deutschland dieser Bezeichnung widersprechen.

Auch in Österreich haben die beteiligten Behörden und Vereine in einer gemeinsamen Sitzung den gleichen Standpunkt eingenommen wie in Deutschland[1]). Der Referent brachte in dieser den Stand der Angelegenheit zur Darstellung und setzte die Vor- und Nachteile der bis jetzt üblichen Lichteinheiten auseinander. Es wurde anerkannt, daß die Schaffung einer internationalen Lichteinheit von großem Vorteil für Wissenschaft und Technik wäre, daß aber nur eine konkrete, meßbare, leicht reproduzierbare, konstante Lichtquelle empfohlen werden könne. Bis zur allgemein einverständlichen Festlegung einer derartigen Lichteinheit solle an der Hefnerkerze festgehalten werden. Als Resultat der Besprechung ergab sich, daß die beteiligten Behörden und Vereine die von den Vereinigten Staaten, England und Frankreich vorgeschlagene gemeinsame Lichteinheit nicht als »international« anerkannt werden könne und diese Staaten ersucht werden müßten, von der Bezeichnung »international« abzusehen. Es seien auch Schritte zu unternehmen, um eine definitive Annahme dieser Einheit in Ungarn zu verhindern, und die internationale Lichtmeßkommission sei zu ersuchen, zur Regelung dieser Frage im Sommer 1911 neuerdings eine Sitzung einzuberufen.

F l e m m i n g empfiehlt neuerdings die V i o l l e sche Platineinheit als primäre Lichteinheit und als sekundäre die elektrische Glühlampe. Dieser Vorschlag stößt auf die Schwierigkeit der Unsicherheit der V i o l l e schen Einheit, welche bekanntlich bisher nicht von stets gleichbleibender Lichtstärke erzeugt werden konnte[2]). P a t e r s o n sagt, daß bei der V i o l l e schen Einheit auch Schwierigkeiten betreffs der Farbe des geschmolzenen Platins beständen, da das Licht rötlich sei. Das Farbenproblem müßte durch Schaffung eines Durchschnittswertes auf festen Grund gestellt werden. Es gelang P a t e r s o n[3]) durch eine Kaskadenmethode, den Wert der Pentanlampe in einem viel weißeren Lichte auszudrücken, und er glaubt, daß durch stufenweise Vergleiche eine genauere Festlegung der Pentanlampe und der Hefnerkerze in bezug auf weißeres Licht zu erhalten sei.

Für die Photometrie ist die genaue Kenntnis der Netzhaut des Auges von hervorragender Wichtigkeit. So hat z. B. S t i g l e r[4]), wie schon unter dem Kapitel »Das Auge« erwähnt, die Verschiedenheiten der oberen und unteren Hälfte der Netzhaut erkannt. Aus

[1]) Zeitschr. d. österr. Gasver. 1910 S. 598.

[2]) Diskussion der Illum. Eng. Society in London. Zeitschr. d. österr. Gasver. 1910 S. 222.

[3]) Zeitschr. d. österr. Gasver. 1910 S. 222.

[4]) Der Proportionalitätsfaktor nebst Angabe einer neuen subjektiven Photometriermethode. Zeitschr. f. Sinnesphysiologie 1909 S. 62. Journ. f. Gasbel. 1910 S. 67.

diesem Grunde ist es besser, die beiden photometrischen Vergleichsfelder horizontal nebeneinander als senkrecht übereinander anzuordnen. S t i g l e r fand ferner, daß bei binokularer Beobachtung sowohl die Helligkeitsempfindung als auch die Unterschiedsempfindlichkeit größer ist als bei monokularer. Es ist also empfehlenswert, Photometer für genaue Lichtmessungen mit Beobachtungsrohren für beide Augen einzurichten. Die Stärke der Empfindung ist ferner auch abhängig von der Zeitdauer des Lichteindruckes. Bei zu langer Wirkung hören jedoch geringe Helligkeitsunterschiede auf, so daß bei einer bestimmten Maximalzeit die größte Empfindlichkeit vorhanden ist. Auch die absolute Beleuchtungsstärke des Photometerschirmes ist von Einfluß auf die Empfindlichkeit der Einstellung. Am größten ist die Empfindlichkeit bei einer Beleuchtungsstärke von 30 Lux. Jedenfalls soll diese nicht wesentlich überschritten werden. B e r t e l s m a n n [2]) nimmt in seinen Rechnungstafeln für Beleuchtungstechniker als normale Entfernung der Vergleichslichtquelle vom Photometer die Entfernung von 35 cm an. Die Rechnung läßt sich jedoch wesentlich vereinfachen, wenn statt dieser Größe die Entfernung $31 \cdot 623$ d. i. $\sqrt{1000}$ cm angenommen wird.

Für elektrische Glühlampen soll als Lichtstärke, wenn nichts anderes bemerkt ist, die mittlere, in einer zur Lampenachse senkrechten, durch die Mitte des Leuchtkörpers gelegten Ebene, gemessene Lichtstärke gelten, d. i. also für alle Fälle, wo die Lampenachse bei der Messung die vertikale Lage hat, die mittlere horizontale Lichtstärke. Sie wird bei elektrischen Glühlampen am bequemsten nach der Methode der rotierenden Lampe bestimmt. Die Umdrehungsgeschwindigkeit ist so zu bemessen, daß kein störendes Flimmern und keine schädliche Verbiegung der Glühfäden auftritt. Ist letzteres nicht zu vermeiden, so ist die B r o d h u n sche Methode der rotierenden Spiegel zu wählen[3]).

Um die Messung verschiedenfarbiger Lichtfarben zu erleichtern, hat man bekanntlich die Flimmerphotometrie eingeführt, bei welcher eine vom Auge beobachtete Fläche abwechselnd von den beiden zu vergleichenden Lichtquellen belichtet wird, oder bei welcher man an die gleiche Stelle vor das Auge abwechselnd zwei verschiedene von den beiden Lichtquellen beleuchtete Flächen bringt. Besonders in England vertritt man die Vorzüge dieser Art der Photometrie. D o w weist in einer Mitteilung über die physiologischen Vorgänge bei Benutzung des Flimmerphotometers[4]) darauf hin, daß die Empfindlichkeit der Netzhaut für Farbenunterschiede eine verschiedene ist, je nachdem, ob nur Zapfen getroffen werden oder auch Stäbchen oder nur letztere. Der Unterschied zwischen den photometrischen Messungen mit einem gewöhnlichen Photometer und einem Flimmerphotometer hängt daher von den Umständen ab, unter denen die Netzhaut von den Strahlen getroffen wird, denn der Mittelpunkt derselben enthält bekanntlich nur Zapfen, während der äußerste Umfang nur Stäbchen besitzt. Nach D o w s Angaben gibt der Vergleich zwischen einer grünen und einer roten Glühlampe mit dem Flimmerphotometer nur 10% Abweichungen, während beim Gleichheitsphotometer 52% Abweichungen der einzelnen Messungen gefunden wurden. Die verschiedene Empfindlichkeit der Zapfen und Stäbchen besteht in dem verschiedenen Schnelligkeitsgrad, mit dem sie auf eine Lichteinwirkung reagieren.

Auch das H a r r i s o n sche[5]) Universalphotometer ist als Flimmerphotometer zu betrachten. Bei diesem wird eine Sektorenscheibe durch einen Luftstrahl in Rotation

[1]) Journ. f. Gasbel. 1910 S. 785.
[2]) Journ. f. Gasbel. 1910 S. 1031.
[3]) Messung der mittleren horizontalen Lichtstärken von elektr. Glühlampen, Journ. f. Gasbel. 1910 S. 785.
[4]) Proc. Phys. Soc. London 1910 S. 58. Journ. f. Gasbel. 1910 S. 926.
[5]) Illum. Eng. 1910 S. 222. Journ. f. Gasbel. 1910 S. 686.

versetzt. Vor einem Beobachtungsloch erscheint abwechselnd das Bild eines der Sektoren und das einer Fläche, welche von der Vergleichslichtquelle beleuchtet wird. Die Neigung dieser Fläche gegen die Lichtstrahlen, welche von der Vergleichslichtquelle kommen, wird als Schwächungsmittel benutzt, was jedoch bekanntlich keine genauen Werte ergibt, da die Schwächung nicht genau dem Kosinus des Neigungswinkels entspricht.

Auch L i b e r t y[1]) meint, daß das beste Photometer das Flimmerphotometer sei, weil man ohne Rücksicht auf die verschiedenen Farben der Lichtquellen arbeiten könne. H a r c o u r t berichtete gelegentlich derselben Diskussion vor der Illuminating Engineering Society in London über den A h n e y schen Apparat, der dem Flimmerphotometer ähnlich ist, und mit dem ebenfalls gute Resultate erhalten werden. Er untersuchte mit diesem die Lichtwirkung verschiedener Leuchttürme. Zur Messung wurden Hütten in 1½ bis 2 Meilen Entfernung voneinander aufgestellt, als Normallampe wurde in 3 bis 3,6 m Entfernung von der Hütte eine Einkerzen-Pentan-Lampe benutzt. Die Lichter waren in ihrer Farbe sehr verschieden, doch treten bei dieser geringen Beleuchtungsstärke die Schwierigkeiten der verschiedenen Färbung nur im geringen Maße auf.

Bei T r o t t e r s Photometer wird eine beleuchtete weiße Fläche durch eine Spalte in einer anderen beobachtet, und gleiche Beleuchtung ist erreicht, wenn diese Spalte scheinbar verschwindet. Der Präsident der Illuminating Engineering Society erwähnte ferner einen Vergleichskörper, der aus zwei Blöcken aus Paraffin bestand, die in der Mitte mit einer Scheidewand aus Silberfolie versehen sind. Dieser Vergleichskörper ist also dem bekannten E l s t e r schen Milchglaskörper ähnlich. Ferner erklärte der Präsident einen Photometerkopf, bei dem zwei Spiegel einesteils das Licht der Normallichtquelle, andernteils das Licht der zu untersuchenden Lampe derart auf eine Milchglasscheibe reflektieren, daß die beiden Vergleichsfelder nebeneinander erscheinen. M o r r i s fand, daß das Fettfleckphotometer gerade so gute Resultate gab, wie das B r o d h u n sche, wobei es jedoch viel billiger sei. Demgegenüber muß aber doch bemerkt werden, daß das Fettfleckphotometer zwar für die gewöhnlichen photometrischen Arbeiten genügt, aber nie die Genauigkeit der Einstellung ermöglicht, wie der L u m e r - B r o d h u n sche Vergleichskörper. S u m p n e r sprach vor der gleichen Gesellschaft über die Ermittelung der sphärischen Lichtstärke bei elektrischen Glühlampen. Nach ihm soll es genügen, die senkrecht zu den Fäden festgestellte Lichtstärke mit 0,8 zu multiplizieren, was jedenfalls nur beiläufig richtige Werte ergeben kann. Bei Bogenlampen, die in ihrer Lichtstärke während der Messungen große Schwankungen zeigen können, ist es notwendig, das U l b r i c h t sche Kugelphotometer zur Ermittelung der sphärischen Lichtstärke zu verwenden. Eine Anwendung des L a m b e r t schen Schattenprinzips zeigt das H e r m a n n sche Betriebsphotometer für elektrische Glühlampen[2]). (Fig. 1.) Das mittlere Stäbchen $A$ wird von einer Normallampe $B$ und der zu prüfenden Lampe $C$ beleuchtet. Es werden dadurch zwei Schattenbilder des Stäbchens auf einem Schirm $D$, welcher aus Milchglas besteht, entstehen. Das Stäbchen wird längs einer parallel zur Verbindungslinie der beiden Lichtquellen liegenden Lichtquelle verschoben, bis die beiden Schattenbilder gleich stark erscheinen. Das Auge des Beobachters befindet sich in $G$ und ist über die Lampen und das Stäbchen weg auf den Milchglasschirm $D$ gerichtet. Reflexwirkungen und sonstige Ungleichheiten in der Lichtverteilung werden durch die Mattscheibe $G$ ausgeglichen. Das Instrument ist brauchbar zur Ausscheidung unbrauchbarer elektrischer Glühlampen. Für genauere Messungen genügt es nicht, da es Fehler über 5% ergibt.

[1]) Diskussion vor der Illum. Eng. Soc. in London. Zeitschr. d. österr. Gasver. 1910 S. 222.

[2]) P a u l u s : Journ. f. Gasbel. 1910 S. 166.

Will man in dem U l b r i c h t schen Kugelphotometer die untere hemisphärische Lichtstärke erhalten, so ist nach C o r s e p i u s die Abblendung der nicht zu berücksichtigenden Kugelhälfte durch einen innen geschwärzten, außen weißen Hohlkörper nötig. U l b r i c h t hat nun einen Lichtschwerpunktsucher konstruiert[1]), welcher die richtige Stellung dieses Körpers zu ermitteln gestattet.

Die Bestimmung der Lichtstärke von Lampen, die mit Reflektoren ausgestattet sind, erfolgt gewöhnlich auf der Photometerbank unter Anwendung des Entfernungsgesetzes. Dies ist jedoch nicht richtig, da die Reflektoren die gleichmäßige Ausbreitung des Lichtes im Raume verhindern und daher das Entfernungsgesetz nicht mehr anwendbar ist. So

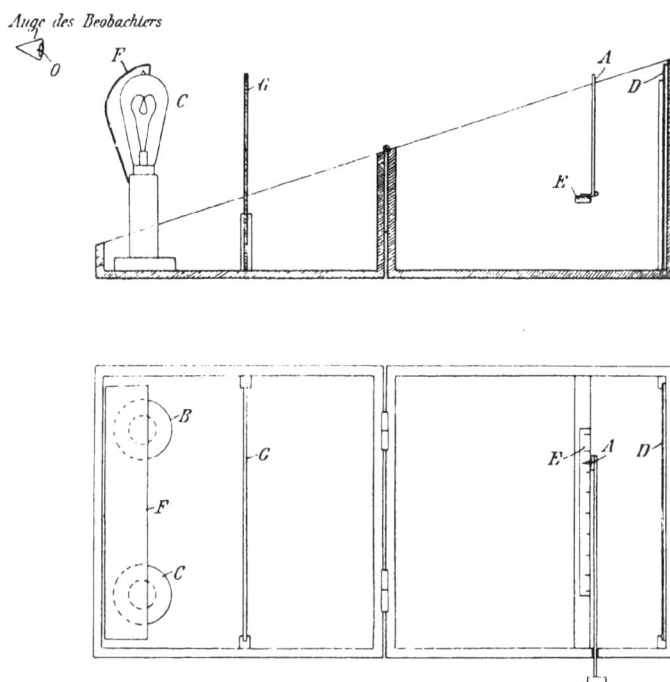

Fig. 1.

ist z. B. auch die Messung der Wirkung eines Hohlspiegels bei der Waggonbeleuchtung[2]), wenn sie in gleicher Weise ausgeführt wurde, eine vollständig irrtümliche.

Über den Wert künstlicher Lichtquellen im Vergleich zum Tageslicht schreibt I v e s[3]). Er stellt mittels Spektralanalyse fest, durch welche Absorption jedes einzelne Licht die Farbe des Tageslichtes erhielt. Durch die Absorption tritt natürlich eine Schwächung des Lichtes ein, und das Verhältnis der Intensität des so erhaltenen weißen Lichtes zur Gesamtleuchtkraft bot den Maßstab für die Qualität der betreffenden Lichtquelle. Die nachstehende

---

[1]) Illum. Eng. 1908 S. 801.   Elektrotechn. Zeitschr. 1909 S. 322.   Journ. f. Gasbel. 1910 S. 169.

[2]) Journ. f. Gasbel. 1910 S. 209.

[3]) Journ. of Gaslightg. 1910 S. 100.   Journ. f. Gasbel. 1910 S. 605.   Zeitschr. d. österr. Gasver. 1910 S. 353.

Tabelle zeigt, daß von den gebräuchlichen Lichtquellen der A u e r sche Glühkörper das weißeste, d. h. das dem Tageslichte ähnlichste Licht ergibt.

| Lichtquelle | nutzbarer Anteil des weißen Lichtes |
|---|---|
| Kohlenfadenglühlampe . . . . | 21,2 % |
| Wolframlampe . . . . . . | 38,2 % |
| Azetylen . . . . . . . | 42,0 % |
| Auersches Gasglühlicht . . . . | 50,5 % |

M a c b e t h[1]) betont die Notwendigkeit der Schaffung von Normalien für die Photometrierung von Glühkörpern für stehendes und hängendes Gasglühlicht, worauf wir im Kapitel über »Glühkörper« zurückkommen.

Zur Beurteilung der Beleuchtungsstärke, namentlich bei der Straßenbeleuchtung, sind seitens des Verbandes deutscher Elektrotechniker Normalien angenommen worden, die folgendes besagen[2]). Als praktisches Maß für die Beurteilung der Beleuchtung gilt die mittlere Horizontalbeleuchtung in 1 m Höhe über der Bodenfläche. Außerdem ist die maximale und minimale Horizontalbeleuchtung anzugeben. Als Ungleichmäßigkeitskoeffizient gilt das Verhältnis der maximalen zur minimalen Horizontalbeleuchtung; als spezifischer Verbrauch gilt der Verbrauch für 1 Lux mittlerer Horizontalbeleuchtung und 1 qm Bodenfläche. Auch für die Straßenbeleuchtung wurde die Frage, ob die Horizontalbeleuchtung oder die Beleuchtung vertikaler Flächen in erster Linie maßgebend sei, im Sinne der Horizontalbeleuchtung beantwortet, worauf wir noch im Kapitel: »Lichtverteilung« zu sprechen kommen. Der Verband deutscher Elektrotechniker ersuchte den Verein deutscher Gas- und Wasserfachmänner seinerseits ebenfalls Normalien auszuarbeiten, damit schließlich eine Einigung aller Beleuchtungstechniker zustande komme, was sehr erwünscht wäre.

In London ist bekanntlich der ursprünglich verwendete Normal-Argandbrenner ohne Luftregulierung durch den London-Argandbrenner II ersetzt worden, wodurch die Ungerechtigkeit beseitigt ist, nach welcher Gase mit geringem Luftbedarf, wie z. B. Wassergas, in ihrer Leuchtkraft zu gering bewertet wurden[3]).

**Manometer, Konsumzeiger.** Ein neuer Gasdruckfernmelder von B a u d u i n wurde von L u x[4]) vorgeführt. Er beruht auf dem bekannten Prinzip der elektrischen sympathischen Uhren.

Eine ausführliche Zusammenstellung über multiplizierende Manometer gab D o s c h[5]). Er führte unter anderem das K r e l l sche Mikromanometer (Fig. 2) vor, welches ein schräg gestelltes Rohr an einer Dose angesetzt trägt. Die Neigung dieses Rohres wird je nach Wunsch 1 : 400, 1 : 200, 1 : 100, 1 : 50 und 1 : 10 ausgeführt, so daß eine 10- bis 400 fache Vergrößerung des Ausschlages erzielt wird. Es besitzt zwei miteinander gekuppelte Dreiweghähne, die ein gleichzeitiges Öffnen und Schließen der Zuleitungen zur Dose und zum Manometerrohr ermöglichen, da andernfalls bei der Messung geringer Druckdifferenzen und hoher absoluter Drücke bei einseitiger Einschaltung der Dose das Meßbereich des Instrumentes überschritten und die Flüssigkeit herausgeschleudert würde. Als Sperrflüssigkeit wird Alkohol von 0,8

---

[1]) Illum. Eng. 1910 S. 277. Zeitschr. d. österr. Gasver. 1910 S. 236. Chem. Ztg. 1910 S. 449.

[2]) B l o c h: Journ. f. Gasbel. 1910 S. 684.

[3]) Journ. f. Gasbel. 1910 S. 945.

[4]) Zeitschr. d. österr. Gasver. 1910 S. 403. Journ. f. Gasbel. 1910. Vortrag v. d. bayer. Verein 1910, Regensburg, S. 1184.

[5]) Journ. f. Gasbel. 1910 S. 1091.

spezifischem Gewicht benutzt, der durch Fuchsin rot gefärbt ist. Da die Glasrohre keinen an allen Stellen vollständig gleich großen Durchmesser haben, muß die Ungleichheit durch Anbringung eines besonders geeichten Maßstabes beseitigt werden. Es werden auch Mikromanometer mit verschieden einstellbarer Neigung geliefert. Für die Ablesung geringer und auch hoher Druckdifferenzen empfiehlt sich die Anwendung eines gebogenen Meß-

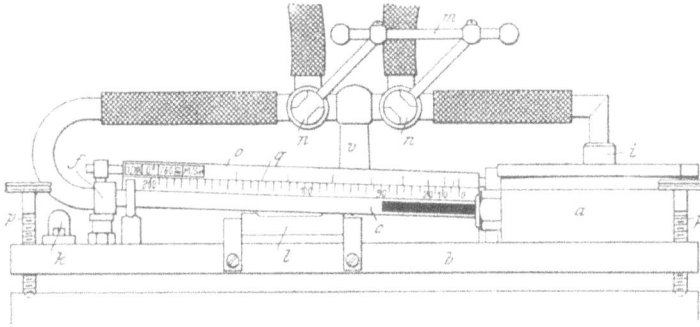

Fig. 2.

rohres gemäß Fig. 3. Für größere Drucke empfiehlt D o s c h Standmanometer gemäß Fig. 4. Ferner sind Manometer zur selbsttätigen Aufzeichnung von Druckdifferenzen erwähnt. In der Praxis werden Vorrichtungen vorgezogen, welche die Ablesung an einer

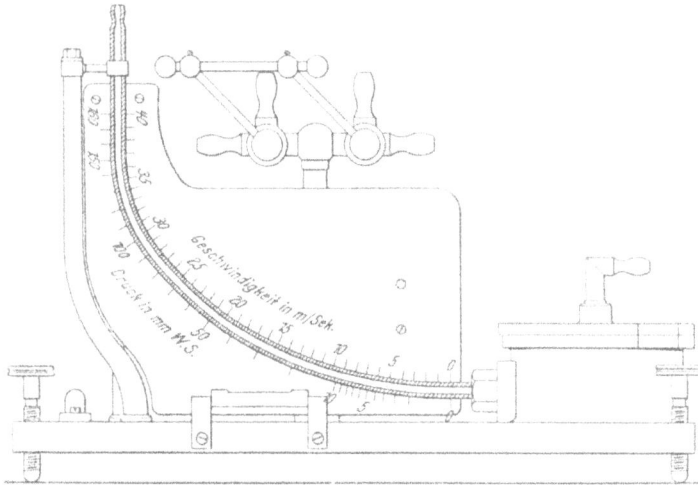

Fig. 3.

runden Skala mittels eines Zeigers gestatten. Bei dem Minimaldruckmesser, System S c h u l t z e , sind zwei oder mehr Metallglocken durch ein Gestänge untereinander starr verbunden. Jede dieser Glocken taucht in eine nicht verdunstende Flüssigkeit. Unter die sämtlichen Glocken führen Rohre bis über den Spiegel der Flüssigkeit. Die Glocken sind in einem nach außen hin dicht verschlossenen Gehäuse untergebracht, das mit dem zweiten Rohranschluß versehen wird, um Druckdifferenzen messen zu können. Die Bewegung des

Glockensystems wird auf einen Zeiger übertragen. Durch die Anordnung einer größeren Anzahl von Glocken ist es ermöglicht, das Instrument mit verschiedenen Meßbereichen und verschiedener Empfindlichkeit arbeiten zu lassen, indem durch Öffnen von Hähnen eine beliebige Anzahl von Tauchglocken eingeschaltet wird. Auch der D ü r r sche Druckmesser arbeitet mit einer Tauchglocke. Naturgemäß ist dieser jedoch nur für ein Meßbereich

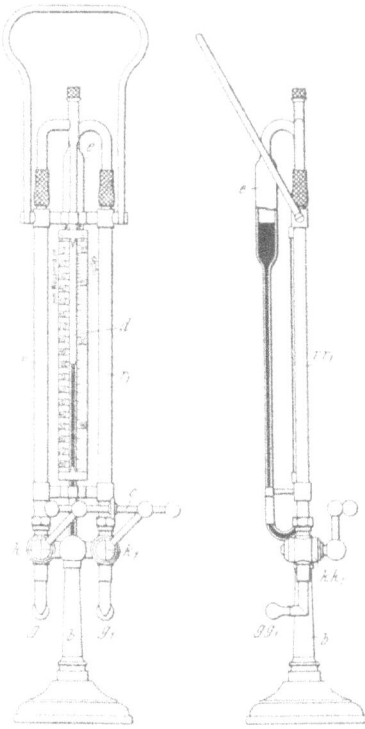

Fig. 4.

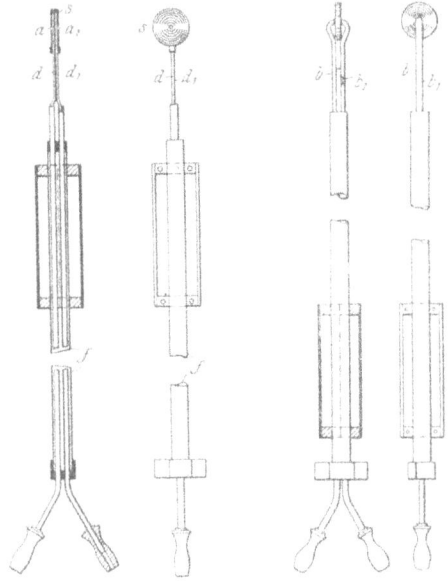

Fig. 6.          Fig. 7.

zu verwenden. Er besitzt eine unten offene Messingglocke, welche in Paraffinöl eintaucht. Das Rohr c (Fig. 5) mündet über dem Flüssigkeitsspiegel. Die Bewegung der Glocke

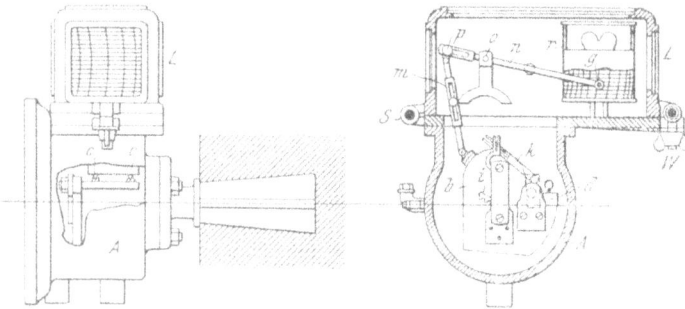

Fig. 5.

wird durch eine Hebelverbindung k und ein Zahnradsegment i auf den Zeiger h übertragen. In Fig. 5 ist ein Instrument mit automatischer Registrierung gezeigt. Die oben beschriebenen Apparate werden von der Firma G. A. S c h u l t z e geliefert.

Zufolge der K r e l l schen Arbeiten ist es mit Hilfe der Messung geringer Druckdifferenzen ermöglicht, die Geschwindigkeit eines Gasstroms zu ermitteln. Läßt man den Gasstrom auf die Mündung eines Rohres auftreffen, das der Richtung des Gasstromes entgegensteht, so entsteht in dem Rohr ein Druck, der von der Geschwindigkeit des Gasstromes abhängig ist. Bringt man ein zweites Rohr in den Gasstrom, das in der Richtung des Gasstromes gelegen ist und seine Öffnung in der Richtung des abströmenden Gases besitzt, so entsteht in diesem Rohr eine Saugwirkung, die ebenfalls von der Geschwindigkeit des

Fig. 8.

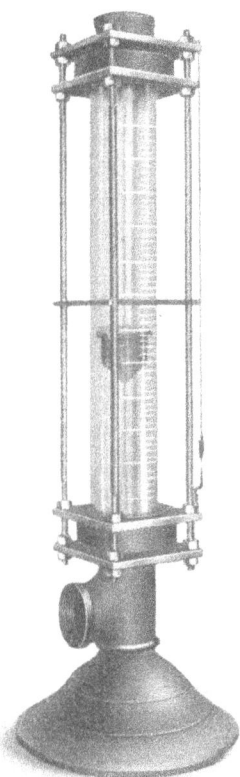

Fig. 9.

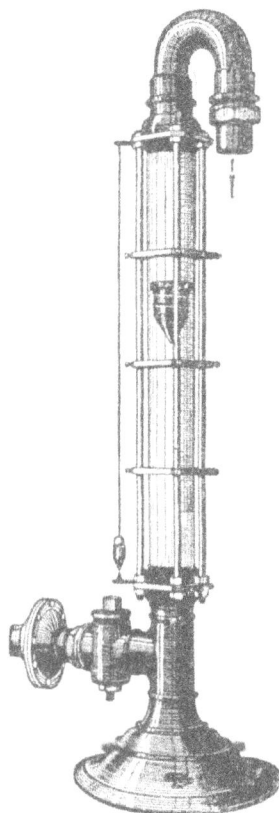

Fig. 10.

Gasstromes abhängig ist. Bestimmt man die Druckdifferenz, die zwischen diesen beiden Rohren herrscht, so erhält man demgemäß einen erhöhten Ausschlag der von dem absoluten Druck des Gases unabhängig ist. Diese Arbeiten von R e c k n a g e l und K r e l l scheinen sehr wenig bekannt zu sein, wie D o s c h[1]) hervorhebt. Das Ergebnis dieser Untersuchung hat K r e l l  s e n. in seiner Schrift über hydrostatische Meßinstrumente zusammengefaßt. K r e l l  j u n. schrieb über die Messung von dynamischem und statischem Druck bewegter Luft. Er hat auf dieser Grundlage sein Pneumometer (Fig. 6) konstruiert, bei welchem die oben genannten Rohre durch Öffnungen in einer Stauscheibe ersetzt sind.

---

[1]) Messung von Gasgeschwindigkeiten und Gasmengen. Journ. f. Gasbel. 1910 S. 1091.

Bezeichnet man mit $k$ einen Koeffizienten, $v$ die Geschwindigkeit des Gases in Metern pro Sekunde, $g$ die Erdbeschleunigung (9,81 m), $s$ das Gewicht des Gases pro Kubikzentimeter, so ergibt sich die Druckdifferenz in Millimetern Wassersäule nach der Formel

$$h_r = k \cdot \frac{v^2}{2g}\, s.$$ Nach neueren Versuchen ist der Koeffizient $k = 1{,}45 -- 1{,}50$ zu setzen. Bei sehr staubigen Gasen werden Pneumometer nach P r a n d t l (Fig. 7) benutzt. Dort kommt eine volle Stauscheibe zur Anwendung, wobei die Röhrchen $d$ und $d_1$ gegen diese Scheibe umgebogen sind.

Einen sehr zweckmäßigen Apparat zur Bestimmung der Gasgeschwindigkeit haben die Rotawerke in Aachen[1]) in den Handel gebracht. Dieser gibt die Möglichkeit, den Stundenkonsum eines Apparates sofort abzulesen. Er entspricht somit dem Ampèremeter. Er ist von K ü p p e r s[2]) konstruiert und wird für eine Konsumanzeige von wenigen Litern bis zu vielen Kubikmetern pro Stunde gebaut. Fig. 8 zeigt den »Rotamesser« genannten Apparat für kleine Gasmengen. Für ganz große Gasmengen wird die Anordnung gemäß Fig. 9 benutzt. Für mittlere Gasmengen dient die Anordnung Fig. 10. In der Versuchsgasanstalt in Karlsruhe wurde die Eigenart dieser Meßvorrichtung studiert. Die Genauigkeit der Anzeige hängt von der Eichung der Skala resp. der Ablesetabelle ab. Die Anzeige ist natürlich auch von der Dichte des Gases abhängig. Die Wirkungsweise des Apparates beruht darauf, daß ein Schwimmkörper von gegebenem Gewicht in einem schwach konischen Glasrohr vom Gasstrom in die Höhe gehoben wird, so lange, bis die zwischen Glasrohr und Schwimmkörper frei bleibende Öffnung so groß ist, daß die den Apparat passierende Gasmenge hier hindurchtreten kann. Die Druckdifferenz, mit welcher das Gas diese Öffnung passiert, ist durch das Gewicht und die Fläche des Schwimmers gegeben. Das Instrument arbeitet also genau so wie der früher zur Bestimmung des Konsums einzelner Flammen verwendete Straßengasmesser. Eine wesentliche Neuerung ermöglicht jedoch eine große Empfindlichkeit des Apparates. Der kreisrunde Schwimmkörper besitzt nämlich am Rande schräge Kanäle derart, daß er durch den vertikalen Gasstrom in Rotation versetzt wird. Dadurch wird die Reibung zwischen dem Schwimmer und dem Glasrohr vermieden[3]). Falls die Eichung der Skala mit Luft geschieht, zeigt der Apparat einen Konsum an, der annähernd im Verhältnis des spezifischen Gewichtes des Gases kleiner ist als das Quadrat des wahren Durchganges. Für genaue Messungen kann der Apparat nicht verwendet werden[4]), wohl aber für eine Reihe anderer Zwecke im praktischen Gasbetriebe zum schnellen Messen des Gasverbrauches von Lampen und Apparaten und zur Regulierung von Düsen, zum Nachprüfen von Gasmessern am Aufstellungsort, zur Bestimmung der Durchlaßfähigkeit von Gasleitungen, zur Messung des Luftzusatzes bei der Regeneration der Reinigungsmasse und zum Mischen verschiedener Gasarten.

T h o m a s[5]) hat einen elektrischen Gasmesser konstruiert, welcher ebenfalls besser als Konsumzeiger zu betrachten ist, da er von der Geschwindigkeit eines Gasstromes beeinflußt ist. Das Gas wird in diesem Meßinstrument durch einen konstanten Strom elektrisch geheizt und die Temperatur desselben beim Ein- und Austritt durch ein elektrisches Widerstandsthermometer gemessen. Der Temperaturunterschied ist von der Schnelligkeit beeinflußt, mit welcher das Gas durch den Messer fließt.

---

[1]) Journ. f. Gasbel. 1910 S. 351. Zeitschr. d. österr. Gasver. 1910 S. 210.
[2]) Journ. f. Gasbel. 1910 S. 351.
[3]) D.R.P. 215 225. Journ. f. Gasbel. 1910 S. 585.
[4]) Journ. f. Gasbel. 1910 S. 645.
[5]) Journ. of Gaslightg. 1910 S. 241 u. 440. Journ. f. Gasbel. 1910 S. 726.

**Gasanalyse.** Zur Probenahme von Gasen muß man das Gas, wenn es nicht unter Druck steht, ansaugen. Bisher geschah dies entweder direkt mit Hilfe der Gasbürette oder durch Kautschukpumpen, Aspiratorflaschen, Glockengasometer oder zum Zwecke der kontinuierlichen Ansaugung mit Hilfe von Wasser- oder Dampfstrahlpumpen oder durch den Schornsteinzug. V o i g t[1]) hat einen Ansaugeapparat (Fig. 11) konstruiert, bei welchem mit Hilfe eines Gummidoppelgebläses Luft derart in eine Düse eingeblasen wird, daß durch die Ejektorwirkung das Gas angesogen wird. Der Apparat ist handlich, leicht transportierbar, von Druckwasser o. dgl. unabhängig und bewirkt ein kontinuierliches, intensives Ansaugen.

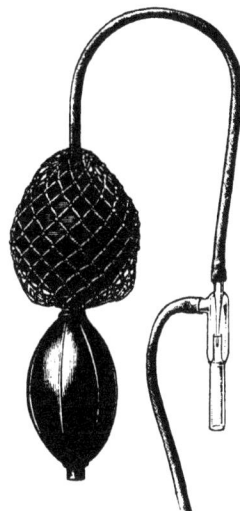

Bei den Gastransportgefäßen, die mit Hähnen versehen sind, kann es vorkommen, daß sich das Hahnkücken während des Transportes lockert. Um dies zu verhindern, versieht Robert Müller[2]) das Kücken in der Richtung der Durchbohrung mit einer Öffnung, durch die man einen konischen Sperrstift aus Eichenholz stecken kann.

Eine weitere Verbesserung des Orsat-Apparates zum Zwecke genauerer Messungen, die sich an die von P f e i f f e r angegebenen Verbesserungen anlehnt, hat S t r a c h e[3]) angegeben. Es wird hier die von P f e i f f e r vorgeschlagene Füllung der Verbindungskapillaren mit Wasser beibehalten, während als Sperrflüssigkeit Quecksilber dient und zur genauen Einstellung des Druckes das gleiche Vorgehen wie bei der B u n t e schen Bürette eingehalten wird. Zur Ermöglichung einer genauen Ablesung sind zwei Meßrohre vorhanden, von denen eines aus Kugeln von je 20 cbm Inhalt mit dazwischen liegenden engen Einschnürungen besteht, während das zweite Rohr im ganzen 20 ccm mißt und so eng ist, daß noch Hundertstel Kubikzentimeter abgelesen werden können.

R e i n h a r d t[4]) weist darauf hin, daß im aufgesammelten

Fig. 11.

Rauchgas häufig weniger $CO_2$ gefunden wird, als dem Mittel der Einzelproben entspricht. Er findet die Erklärung in dem Verschwinden von $SO_2$ und empyreumatischen Stoffen, die bei schnell ausgeführten Analysen als $CO_2$ gemessen werden.

Eine neue Methode der Gasanalyse durch Messung der Lichtbrechung hat H a b e r[5]) eingeführt. L ö w e und H a h n konstruierten auf dieser Grundlage ein Gasrefraktometer und ein Gasinterferometer. Mit dem ersteren lassen sich noch 0,2% $CO_2$ oder $CH_4$ in der Luft erkennen. Mit dem Interferometer ist man in der Lage, den Methangehalt der Luft bis auf 0,01 — 0,02% zu bestimmen. Der Apparat dient daher vornehmlich zur Untersuchung der Grubenwetter. S t u c k e r t[5]) hat die Berechnungsexponenten der Gase (speziell $CO_2$, $SO_2$, $(CN)_2$, $C_2H_6$, $C_2H_4$, $C_2H_2$) neu bestimmt.

E r d m a n n und S t o l z e n b e r g[6]) berichten über die Gasanalyse durch Kondensation. Die Methode eignet sich speziell für $C_2H_6$, $H_2$, $CO_2$ und $O_2$-Bestimmung.

---

[1]) O f f e r h a u s: Probenahme von Gasen. Journ. f. Gasbel. 1910 S. 806.

[2]) Zeitschr. d. österr. Gasver. 1910 S. 583.

[3]) Neuerungen d. Gasanalyse. Zeitschr. d. österr. Gasver. 1910 S. 203. Journ. f. Gasbel. 1910 S. 1007.

[4]) Chem. Zeitg. 1909 S. 206. Journ. f. Gasbel. 1910 S. 47.

[5]) S t u c k e r t, Lichtbrechung der Gase und ihre Verwendung zu analytischen Zwecken. Zeitschrift f. Elektrochemie 1910 S. 37. Zeitschr. d. österr. Gasver. 1910 S. 294. Journ. f. Gasbel. 1910 S. 254.

[6]) Berichte d. deutschen chem. Ges. 1910 S. 1702. Journ. f. Gasbel. 1910 S. 902.

Eine wichtige Neuerung betreffs der Bestimmung des Wasserstoffs liegt in den Arbeiten von P a a l [1]) und seinen Mitarbeitern vor. P a a l und A m b e r g e r haben gezeigt, daß das kolloidale Palladium im trockenen Zustande das 300- bis 400 fache Volum an Wasserstoff absorbiert, und P a a l und G e r u m fanden, daß das Hydrosol sogar das 1000- bis 3000 fache Volum absorbiert. Die Regeneration erfolgt bei diesem durch Stehen an der Luft. P a a l und H a r t m a n n verbesserten die Regeneration dadurch, daß sie der Palladium.lösung Pykrinsäure in Gestalt ihres Natriumsalzes zusetzten, wodurch die Regeneration stets sofort erfolgt. Die Absorption des Wasserstoffes erfolgt, nachdem die $CO_2$ durch KOH und die schweren Kohlenwasserstoffe durch Br absorbiert wurden, wobei etwa vorhandene S-, P- und As-Verbindungen, welche die katalitische Eigenschaft des Palladiums verhindern, oxydiert werden. CO ist vorher durch salzsaure $Cu_2 Cl_2$-Lösung zu entfernen. Die Pd-Lösung ist bei Nichtgebrauch im Dunkeln aufzubewahren. Sie besteht aus 2,44 g eines 61,33 proz. Palladiumsols (zu beziehen von K a l l e & C o., chemische Fabrik in Bibrich a. Rh.) und 2,74 g Natriumpikrat in 130 ccm Wasser. Die Absorptionszeit von 24 ccm Wasserstoff beträgt ca. 10 Minuten. Die Absorption wird durch Füllung der Pipette mit Glaskugeln wesentlich beschleunigt.

Zur Bestimmung des mittleren Molekulargewichtes schwerer Kohlenwasserstoffe, wie sie speziell im Ölgas in großen Mengen vorkommen, gibt H. H e m p e l [2]) ein Rechnungsbeispiel. S c h r e i b e r [3]) bestimmt den Benzolgehalt des Gases mittels Paraffinlösung, welche in Eis gekühlt ist. Er verwendet fünf Absorptionsflaschen mit je 50 ccm Paraffinlösung, deren Gewichtsdifferenz vor und nach dem Versuche die Benzolmenge angibt. H a r d i n g und T a y l o r [4]) haben einen Vergleich der Methoden zur Benzolbestimmung von P f e i f f e r und D e n n i s und Mc C a r t l e y durchgeführt. Die P f e i f f e r sche Methode, welche auf der Überführung des Benzols in Dinitrobenzol, Reduktion zu Diamidobenzol mittels $SnCl_2$ und Titration des Überschusses beruht, ist die genauere. Die Methode von D e n n i s und Mc C a r t l e y, welche das Benzol durch Nickelammoniumzyanid absorbiert, gibt nur dann gute Resultate, wenn für die Absorption genau zwei Minuten verwendet werden.

B u t t e r f i e l d [5]) hat die exakten Methoden der Luftanalyse, vor allem die Bestimmung kleinster Mengen von $CO_2$ und $CH_4$, von Feuchtigkeit, $O_2$ und $N_2$ eingehend beschrieben.

Bei der Bestimmung von Schwefelwasserstoff mit Hilfe von Jodlösung findet man oft auch in reinem Gase einen geringen Jodverbrauch. R o ß und R a c e [6]) haben als Ursache das Äthylen erkannt, da sich dieses bei längerer Berührung mit der Jodlösung in Äthylenjodid verwandelt. Auch T e u m e [7]) hat darauf hingewiesen, daß bei der Analyse von karburiertem Wassergas diese Methode nicht zu empfehlen ist, da Äthylen Jod verbraucht. Er empfiehlt in diesem Fall die Kadmiumazetatmethode. Er hält jedoch die B u n t e sche Methode mit Jodlösung bei Steinkohlengas für genügend genau. M a y e r und F e h l m a n n [8]) haben die quantitative Bestimmung des Gesamtschwefels im Gase nach D r e h s c h m i d t abgeändert. Sie verwenden zur Absorption und Oxydation der schwefligen

[1]) Berichte d. deutschen Ges. 1910 S. 243. Journ. f. Gasbel. 1910 S. 135.
[2]) Über Gasöle im Ölgas. Journ. f. Gasbel. 1910 S. 101.
[3]) Zeitschr. d. österr. Gasver. 1910 S. 108.
[4]) Journ. Ind. Eng. Chem. Soc. 1910 S. 315. Zeitschr. d. österr. Gasver. 1910 S. 559.
[5]) The Analist 1909 S. 257  Journ. f. Gasbel. 1910 S. 142.
[6]) Journ. f. Gasbel. 1910 S. 878.
[7]) Het Gas 1909 Nr. 2. Journ. f. Gasbel. 1910 S. 92.
[8]) Journ. f. Gasbel. 1910 S. 553.

Säure eine 3 proz. Wasserstoff-Superoxydlösung. Die gebildete Schwefelsäure wurde durch Titration bestimmt.

Jorrison und Rütten[1]) haben untersucht, ob die an der Colman-Smith-schen Methode vorgenommene Verbesserung[2]) der Naphthalinbestimmung, wonach der Pikrinlösung ungelöste Pikrinsäure zuzusetzen ist, nötig ist. Sie beweisen durch einige Versuche, daß dies der Fall ist.

Die Apparate zur selbsttätigen Registrierung des Kohlensäuregehaltes führen sich in ihren verschiedenen Formen weiter in den praktischen Betrieb ein. Michalek[3]) empfiehlt den Ökonograph. Derselbe arbeitet ähnlich wie der »Ados«, gibt aber alle $1\frac{1}{2}$ Minuten eine Anzeige in Gestalt einer vertikalen Linie. In ähnlicher Weise arbeitet auch der Eckhardtsche Rauchgasprüfer[4]). Bei diesem erfolgt ebenfalls die Ansaugung durch eine Hebervorrichtung in regelmäßigen Zwischenräumen, die Absorption der $CO_2$ erfolgt durch KOH und die Messung des Gasrestes durch eine Tauchglocke, deren Ausschlag auf einer Skala registriert wird. Der Autolysator ist im Berichtsjahre ebenfalls verbessert worden[5]). Das Natronkalkgefäß ist wesentlich vergrößert worden, so daß nunmehr billiger, feinkörniger Natronkalk verwendet werden kann, die Auswechslung ist erleichtert und die Registriervorrichtung vereinfacht.

Zur Untersuchung des Gasgehaltes der Luft empfiehlt Strache neuerdings das Gasoskop, welches auf der Diffusion des Gases in eine poröse Membrane beruht, und das Explosionskalorimeter, welches die Wärmeentwicklung bei Explosion einer bestimmten mit Luft gemischten Gasmenge ermittelt.

**Die Kohle, Untersuchung, Lagerung und Transport der Kohle.** Über die Entstehung der Steinkohle sprach Potonier in einem Vortrage in Dortmund[6]). Er zeigte, wie aus Faulschlamm Cannelkohle entsteht; dabei geht die Entwicklung über das Röhricht zum Torf und durch die Röhrichtmoorzone zum Röhrichthochmoore. Alle diese Stufen lassen sich noch heute unter unseren Augen beobachten und mit dem Mikroskope in ihrer Struktur als Abkömmlinge solcher vegetabilischer Prozesse erkennen.

K. Bunte[7]), der in der Versuchsgasanstalt in Karlsruhe die Probevergasung einer großen Anzahl von Kohlen durchgeführt hat, verweist darauf, daß gemäß der heutigen Anforderungen an die Beschaffenheit des Gases nicht nur die eigentlichen Gaskohlen, sondern auch Kohlen verwendbar sind, die zwischen den gasarmen Kokskohlen und den schlecht backenden, aber gasreichen Flammkohlen stehen. Die Reinkohlensubstanz der untersuchten Kohlen zeigte einen Heizwert von 7750 bis 8200 Kal. Jede Kohle ist als Gaskohle um so wertvoller, je größer der Anteil des Heizwertes ist, den man in Form von Gas gewinnen kann. Im allgemeinen geben die Kohlen um so mehr von ihrem Heizwert in Gasform ab, je jünger sie sind. In derselben Richtung nimmt aber auch die Menge des Kokses ab. Die Beurteilung einer Kohle muß durch die Prüfung der Beschaffenheit des Kokses ergänzt werden. Zu diesem Zwecke wurde der Koks nach der Entgasung erkaltet vom Ladeboden $3\frac{1}{2}$ m hoch auf den Betonflur des Generatorkellers geworfen und dann in vier Größen gesiebt.

[1]) Journ. f. Gasbel. 1910 S. 269.

[2]) Journ. f. Gasbel. 1909 S. 694.

[3]) Journ. d. Dampfkesseluntersuchungsgesellschaft Nr. 6 S. 71. Zeitschr. d. österr. Gasver. 1910 S. 410.

[4]) Chem. Zeitg. 1910 S. 1263. Zeitschr. d. österr. Gasver. 1910 S. 605.

[5]) Strache: Neuerungen in der Gasanalyse. Zeitschr. d. österr. Gasver. 1910 S. 203. Journ. f. Gasbel. 1910 S. 1007.

[6]) Braunkohle 1910 S. 260. Journ. f. Gasbel. 1910 S. 1173.

[7]) Zur Kenntnis der Gaskohle. Journ. f. Gasbel. 1910 S. 777.

Zum Zwecke der Probenahme von Kohlen beschreibt F. M a y e r eine eigene Vorrichtung zur Teilung der Proben[1]). Piatschek ist den Bestrebungen entgegengetreten, daß die Kohle nach ihrem Heizwert verkauft werden soll. H e i n r i c h s e n[2]) betont in einer Entgegnung, daß entgegen der Meinung Piatscheks sich sehr wohl gute Durchschnittsproben erzielen lassen, daß der kalorimetrische Wert für die Verwendbarkeit der Kohle von größter Bedeutung sei und daß die Kosten der Untersuchung kaum eine Rolle spielen. In der Schweiz macht man bereits beim Einkauf der Kohle nach dem Heizwert gute Erfahrungen. Auch M o h r[3]) verweist auf den Nutzen einer regelmäßigen analytischen Kohlenkontrolle. Sie zeigt, ob die geforderte Marke geliefert wurde. Wünschenswert wäre es jedenfalls, wenn auch in Deutschland wenigstens der Aschengehalt von Einfluß auf die Preisbestimmung wäre. Die New Yorker Interborough Transit Comp. ist ebenfalls bereits dazu übergegangen, ihre Brennstoffe nach dem Heizwert einzukaufen[4]). In Chicago besorgt eine Gesellschaft für eine große Anzahl von Kunden, unter denen sich Fabriken, Geschäftshäuser, öffentliche Institute befinden, die ständige Überwachung der Brennmateriallieferung. Einmal wöchentlich läßt sie bei jedem Kunden Proben entnehmen. Die Ergebnisse werden den Verbrauchern sowohl wie den Lieferanten zugestellt. Man hat sich dort neuerdings auch entschlossen, die sämtlichen von der Regierung benötigten Kohlen nach dem Heizwert einzukaufen. Die an die deutschen Käufer gestellten Anforderungen, Garantien über den Aschengehalt und die Gasausbeute zu geben, wurden abgewiesen, doch sind diese Forderungen neuerdings erhoben worden[5]).

Zum Zwecke der Bestimmung der flüchtigen Substanzen in der Kohle geben F i e l n e r und D a v i s[6]) Vorschriften. Zur Erzielung übereinstimmender Ergebnisse ist es notwendig, bestimmte Bedingungen einzuhalten. Bei Benutzung verschiedener Brenner können sich Unterschiede bis zu 1,5% ergeben. Polierte Platintiegel geben ca. 1% mehr flüchtige Substanz als blind gewordene. Es sind daher stets polierte zu verwenden, die auf Platindreiecken zu erhitzen sind. Beim Naturgas wurden höhere Resultate erhalten als bei Anwendung von Steinkohlengas zum Erhitzen des Tiegels. Gas und Luft sollen so geregelt werden, daß eine Flamme mit kurzem scharf begrenztem inneren Kegel erhalten wird. Auch in Kokereilaboratorien ist die ständige Kontrolle der Kohle von besonderer Wichtigkeit[7]), da die Güte der Kohle in bezug auf Aschengehalt und Backfähigkeit ständig schwankt. Es wurden bei Schlemmung der Kohle die Beziehungen zwischen Schlammgehalt, Koksgehalt und Aschengehalt untersucht, anderseits auch die Backfähigkeit und der Gasgehalt ermittelt. Zu diesem Zwecke wurden in einem Schüttelzylinder 50 g der Kokskohle mit 1 l Wasser eine Minute lang geschüttelt. Dann ließ man 30 Sekunden, eine Minute usw. bis drei Minuten absetzen, zog die Kohlentrübe ab und bestimmte den Schlammgehalt auf einem tarierten Filter. In diesem wurde dann Gasgehalt, Aschengehalt usw. ermittelt. Es ergab sich, daß der Gasgehalt mit dem Schlammgehalt einerseits und der Aschengehalt der Kokskohle mit dem Aschengehalt des Schlammes anderseits in direktem Verhältnis steht.

Zur Untersuchung der Entzündungsfähigkeit der Kohle erhitzt D e n n s t e d t die gepulverte Kohle in einem Paraffinbad auf 130° und leitet einen Sauerstoffstrom darüber. Bei einer Kohle, die entzündungsverdächtig ist, steigt die Temperatur über die Temperatur

---

[1]) Chem. Zeitg. 1909 S. 1303. Journ. f. Gasbel. 1910 S. 686.

[2]) Zeitschr. d. österr. Gasver. 1910 S. 294. Mitteilungen d. Materialprüfungsamtes in Groß-Lichterfelde.

[3]) Chem.-Zeitg. 1910 S. 1143. Zeitschr. d. österr. Gasver. 1910 S. 558.

[4]) Österr.-Ungar. Eisenbahnblatt 15. Jahrg. Nr. 14. Zeitschr. d. österr. Gasver. 1910 S. 207.

[5]) M ö l l e r s : Das Wirtschaftsjahr 1909. Journ. f. Gasbel. 1910 S. 287.

[6]) Journ. of Ind. Eng. Chem. 2. S. 304. Zeitschr. d. österr. Gasver. 1910 S. 583.

[7]) Mitteilung. aus einem Kokereilaboratorium. Journ. f. Gasbel. 1910 S. 1196.

des Bades. Hat man die Kohle auf 130⁰ in einem Kohlensäurestrom erwärmt, so erhält man bei der Verkokung reinen Sandkoks. G e i p e r t meinte, daß das Dennstedtsche Verfahren noch der weiteren Prüfung bedürfe. A n k l a m gab an, daß die Kohle, die im Laufe der Jahre von derselben Grube angeliefert wurde, ganz verschiedene Eigenschaften zeigte, so daß bei diesbezüglichen Vergleichen innerhalb längerer Zeitperioden Vorsicht am Platze ist.

Die Lagerung der Kohle ist in den letzten Jahren mehr als je Gegenstand der Diskussion gewesen. Die Gasergiebigkeit der Kohle sowie auch der Heizwert wird durch die atmosphärischen Einflüsse bei der Lagerung geschädigt. In England hat das aus einer Kohle erzeugte Gas eine höhere Leuchtkraft als das in Deutschland aus derselben Kohle erzeugte. Der Grund hierfür ist darin zu suchen, daß die Kohle in England in grubenfrischem Zustand vergast wird[1]).

Auch die Selbstentzündung der Kohle ist von der Art der Lagerung abhängig. Nach W e n z e l[2]) sind die Kenntnisse des Vorganges der Selbstentzündung lückenhaft. Es bilden sich dabei stets mehrere Brandherde. Bei Luftabschluß wurde nach diesem Autor eine Steigerung der Selbstentzündungsfähigkeit beobachtet, während man sonst annimmt, daß die Selbstentzündung gerade durch Luftzutritt vermehrt werde. Anwesenheit von Feuchtigkeit begünstigt bei Steinkohle die Entzündung, während bei Braunkohle die Entzündungsfähigkeit im trockenen Zustand höher ist. Der Beginn der zur Selbstentzündung nötigen Temperatursteigerung ist nach W e n z e l durch die Oxydation der Schwefelkiese bedingt. Dieser wird in Gegenwart von Luft und Wasser unter Volumvergrößerung zu Eisenvitriol umgesetzt, so daß eine Lockerung und Zersprengung der Kohlenstücke stattfindet, wodurch die Angriffsflächen für den Sauerstoff vergrößert werden. W e n z e l nimmt auch die Anwesenheit absorbierten Sauerstoffs an. Hierfür spricht, daß gasreiche Kohlen, welche Sauerstoff im höheren Maße absorbieren, mehr zur Selbstentzündung neigen. Es sei daher unrichtig, wenn von Eisenbetonspeichern mit dicht schließenden Entleerungsvorrichtungen behauptet wird, daß diese einen Schutz gewähren. W e n z e l empfiehlt Zwischenwände in den Speichern als Hohlwände auszubilden, die eine kräftige Luftzirkulation gestatten und dadurch gekühlt werden. Diese Anordnung sowie auch die Ausführung einer größeren Zahl von kleinen Einzellagern ist durch die Anwendung von Eisenbeton erreichbar. Der Verfasser spricht Bedenken gegen die Lagerung der Kohle unter Wasser oder in einer Kohlensäureatmosphäre aus und tritt für den von B e h n k e vorgeschlagenen Schutz der Kohle durch Überziehen mit einem Niederschlag aus Ammoniakdämpfen und Kohlensäure, die karbaminsaures Ammoniak bilden, und die einzelnen Kohlenstücke vor Luftzutritt schützen, ein. In Hamburg werden Silolager mit honigwabenartig eingebauten horizontalen Zwischenböden verwendet, welche einen zu hohen Druck auf die untersten Kohlenschichten vermeiden[3]).

Auch K l ö n n e[4]) bringt eine Mitteilung über einen neuen Kohlensilo aus Eisenblech, in welchem die Kohle in einer indifferenten Atmosphäre von Kohlensäure oder Rauchgas gelagert werden kann, so daß sie gegen jede Oxydation geschützt ist. Die schon oben erwähnte Aufbewahrung großer Kohlenmengen unter Wasser hat in Amerika gute Resultate gezeigt[5]). Der Verlust an Heizwert soll hierbei während eines Jahres 3% betragen haben. Dies wäre allerdings mehr, als man sonst bei gewöhnlicher Lagerung annimmt. Zur

---

[1]) Dessauer Vertikalöfen in England. Journ. f. Gasbel. 1910 S. 219.
[2]) Kohlenspeicher aus Beton. Zeitschr. d. österr. Gasver. Journ. f. Gasbel. 1910 S. 62 u. S. 1124.
[3]) Übersicht über das Gasfach. Versamml. d. Märk. Ver. Berlin 1910. Journ. f. Gasbel. 1910 S. 816.
[4]) Journ. f. Gasbel. 1910 S. 969.
[5]) Zeitschr. d. österr. Gasver. 1910 S. 20.

Trocknung der Kohle soll die Zeit des Transportes bis zur Verbrauchsstelle genügen. Auch B e m e n t[1]) hat Untersuchungen über den Verlust der Kohle beim Lagern ausgeführt. Nach einem Jahre betrugen die Verluste an Heizwert bei gewöhnlicher Lagerung 0,38 bis 1,85% und der Verlust an Gewicht 0,11 bis 1,29%. Dagegen verlor die Kohle bei der Lagerung unter Wasser nur 0,02 bis 0,44% an Heizwert und 0,08 bis 0,35% an Gewicht.

Wie große finanzielle Vorteile der mechanische Kohlentransport in größeren Gaswerken ergeben kann, zeigt K o b b e r t[2]). Im alten Gaswerke in Königsberg kostete die Stapelung der Kohle allein M. 1,10 pro Tonne und einschließlich Transport bis zum Ofenhaus M. 1,35. Heute kostet dagegen die Lagerung an Stromverbrauch und Löhnen mit allen Nebenkosten nur 35 Pf. Die Zinsen des Kapitals betragen 50 Pf. Außerdem verkürzte der mechanische Betrieb die Löschzeiten der Dampfer derart, daß die Abladung in Leichter ganz aufhören konnte. Dadurch wurden M. 1,20 pro Tonne an Leichterkosten erspart. Ferner ist noch zu bemerken, daß M. 1,35 an Lohnkosten ein höheres Geschäftsrisiko bedeuten als eine gleiche Auslage, die sich z. B. aus nur 35 Pf. an Lohn und Strom und M. 1 an Zinsen und Abschreibungen zusammensetzt, da die Löhne unter den heutigen Verhältnissen einer steten Steigerung ausgesetzt sind.

H e r m a n n s[3]) schildert den Kohlentransport auf dem Gaswerke Gennevilliers.

In H a m b u r g[4]) stellten sich die Kosten der Kohlenförderung per Tonne mittels Handbetrieb vom Kahn bis ins Retortenhaus auf M. 1,06 mit dem Greifer dagegen auf 22 Pf. B u n t e hatte schon nachgewiesen, daß durch langes Lagern der Kohle auch das Koksausbringen verschlechtert wird. Es wurden Versuche mit einer Saarkohle, die 2½ Jahre gelagert hatte, gemacht. Von frischer Kohle hatte man ca. 66% Großkoks erhalten, während bei den gelagerten Kohlen der Großkoks auf 46% herunterging.

**Entgasung der Kohle.** Die Ansichten über die Entgasung der Kohle haben in den letzten Jahren einige Wandlungen erfahren, die wohl noch nicht zum Abschluß gelangt sind. M a h l e r[5]) hat die Einwirkung von Luft auf Kohle studiert. Läßt man trockene Luft über gepulverte trockene Kohle streichen, so findet man bereits bei 105⁰ eine Einwirkung, indem Wasser, $CO_2$ und CO gebildet wird, deren Mengen mit steigender Temperatur zunehmen. Die Einwirkung wächst mit der Geschwindigkeit des Gasstromes und der Feinheit der Kohle. 150 g Kohle gaben in 30 Stunden bei 105⁰ 30 ccm $CO_2$ und 6,67 ccm CO. B u r g e ß und W h e e l e r[6]) zeigten, daß jede Kohle einen wohl definierten Zersetzungspunkt, der im allgemeinen bei 700 bis 800⁰ C liegt, besitzt. Bei bituminöser Kohle erhöht sich diese Zersetzungstemperatur auf 900⁰, bei Anthrazit sogar auf 1100⁰.

K. B u n t e gibt in einem Artikel zur Kenntnis der Gaskohlen[7]) eine Übersicht über den Einfluß der Art der Erhitzung auf die Entgasung der Kohle. Es ist bekannt, daß durch rasche Entgasung bei hoher Temperatur die Koksqualität verbessert wird. Ferner ist der Koks um so fester, je feiner die Kohle war. Dem steht jedoch der Einfluß auf die Dauer der Entgasung gegenüber. Manche Kohlen sind bereits nach 4½ Stunden ausgestanden, andere brauchen unter gleichen Verhältnissen 5½ bis 6 Stunden zur Entgasung. Die ältesten Kohlen gasen am langsamsten. Die Gasausbeute bleibt bei stark zerkleinerter Kohle auch bei vollkommener Entgasung hinter der Gasausbeute aus Stückkohle zurück. Auch sind

---

[1]) Chem. Eng. 1910 S. 9. Zeitschr. d. österr. Gasver. 1910 S. 559.

[2]) Retorte und Gasmesser. Journ. f. Gasbel. 1910 S. 910.

[3]) Journ. f. Gasbel. 1910 S. 462.

[4]) Übersicht über das Gasfach. Versamml. d. Märk. Ver. Berlin 1910. Journ. f. Gasbel. 1910 S. 816.

[5]) Comptes rendus 1910 S. 1510. Journ. f. Gasbel. 1910 S. 836.

[6]) Proc. Chem. Soc. 1910 S. 210. Zeitschr. d. österr. Gasver. 1910 S. 606.

[7]) Journ. f. Gasbel. 1910 S. 777.

die Lagerverluste bei Feinkohle viel größer als bei Stückkohle. Die obige Angabe, daß die Feinkohlen einen besseren Koks geben als die Stückkohlen, ist nur dann richtig, wenn man darauf Bezug nimmt, wie man die Kohle verarbeitet und nicht, wie man sie geliefert erhält, denn eine nachträgliche Zerkleinerung verschlechtert natürlich die Kohle nicht, während die angelieferte Feinkohle gewöhnlich minderwertig ist.

In Breslau wird nunmehr auch eine eigene Kokereiversuchsanlage errichtet[1]). Sie wird aus drei Öfen bestehen und zur Ausführung von Verkokungsversuchen eingerichtet sein. Jedenfalls darf man von dort weitere Aufschlüsse über das Verhalten der Kohle während der Vergasung erwarten.

Über moderne Vergasungsmethoden sprach K ö r t i n g[2]). Es fängt an, schwer zu werden, den Stoff der Destillation der Kohle zu sichten und kritisch zu würdigen, und es ist daher wichtig, die Meinungen über diesen Gegenstand übersichtlich zusammenzustellen. Die britischen Gasfachmänner rechnen mit einer Gasausbeute von 33 cbm pro 100 kg, weil sie die Retorten so voll als irgend möglich machen. Wendet man bei kleinen Ladungen hohe Temperaturen an, so verstopfen sich die Steigrohre leicht. Bei starker Füllung kann man dagegen mit höherer Temperatur arbeiten und muß auch bei der Vergasung eines bestimmten Kohlenquantums die Retorte nicht so oft öffnen. Nach K ö r t i n g s Ansicht geht die Destillation am glattesten vor sich, wenn die Destillationsgefäße ein Minimum von Inhalt und ein Maximum von Heizfläche besitzen. Dies ist auch zweifellos insoferne richtig, als unter diesen Umständen die Kohle bei einem verhältnismäßig geringen Temperaturgefälle entgast werden kann.

Grenzen sind jedoch durch die Möglichkeit der Entleerung und die Widerstandsfähigkeit des Retortenmaterials gesetzt. K ö r t i n g glaubt, daß die Horizontalöfen den Kammeröfen heiztechnisch überlegen sind (obwohl man dann nicht verstehen könnte, warum in Hüttenwerken die Erzeugung des Kokses in Kammern und nicht in Retorten erfolgt). K ö r t i n g findet auch das Bedürfnis nach großen Ofeneinheiten nicht recht verständlich. Die von dieser Seite ausgeführten Versuche mit Großraumretorten verliefen mit negativem Erfolg. Daraus wurde der Schluß gezogen, daß die Heizfläche im Verhältnis zum Ladegewicht zu vergrößern sei, und man ist dadurch zu dem neuen Dessauer Vertikalofen, Modell 1910 mit 18 Retorten gekommen, über die noch weiter unten berichtet wird. Betreffs der kontinuierlichen Entgasung, wie sie von W o o d a l l - D u c k h a m in England zuerst eingeführt wurde, anerkennt K ö r t i n g die Annehmlichkeit der Rauchlosigkeit. Er hält jedoch die Füllungs- und Entleerungsmechanismen sowie die beständige Bewegung des Kokses während der Entgasung und die Unmöglichkeit, die Retorte von innen zu sehen, für nachteilig. Er betont ferner, daß derartige Retorten stets nach oben verjüngt sein müssen, damit der Kokskuchen auch bei kleinen Unebenheiten gut rutscht.

Nach Ansichten anderer[3]) krankt die Steinkohlengaserzeugung an dem Übelstande, daß die Kohlen in kleinen Partien in die von außen beheizten Retorten eingetragen werden müssen und ist die Entgasung in Großraumöfen als ein Fortschritt zu betrachten. Ebenso wäre danach die kontinuierliche Entgasung als ein Fortschritt zu begrüßen. Auch die Steigerung der Ausbeute, die sich in den letzten Jahren bis auf 33 cbm pro 100 kg Kohle gehoben hat, ist zu begrüßen, doch scheint eine weitere Steigerung nicht mehr zu erwarten. Von den restierenden 70 kg Koks bleiben nach Abzug der Unterfeuerung ca. 50% zum Verkauf, somit beträgt der tatsächlich vergaste Anteil 100 minus 50, d. i. 50 kg. Davon werden 1600 Kal. in Gasform erhalten, d. s. 46% der wirklich vergasten Kohlensubstanz.

[1]) Journ. f. Gasbel. 1910 S. 709.
[2]) Journ. f. Gasbel. 1910 S. 1.
[3]) S t r a c h e: Rauchplage und Heizgasversorgung. Zeitschr. d. österr. Gasver. 1910 S. 216.

Über die Bildung von Schwefelkohlenstoff während der Entgasung wurde im Journal für Gasbeleuchtung[1]) berichtet. Die Bildungswärme des Schwefelkohlenstoffs, bezogen auf gasförmigen Schwefel, beträgt 12 500 Kal.

**Retortenöfen.** Für den Gang der Öfen ist die richtige Einstellung der Verbrennung von allergrößter Bedeutung. Es ist daher außerordentlich zu begrüßen, daß seitens der Lehr- und Versuchsgasanstalt in Karlsruhe die regelmäßige Betriebskontrolle verschiedener kleiner Gaswerke, die nicht das nötige Personal besitzen, um diese selbst vorzunehmen, ausgeführt wird[2]). Die Tätigkeit der Versuchsanstalt erstreckt sich dabei auch auf die Behebung etwa vorgekommener Schwierigkeiten und auf die Unterweisung der Ingenieure, Meister und Vorarbeiter derart, daß die Untersuchungen auch zu dauernden Betriebskontrollen werden. An den Öfen werden Rauchgasanalysen am Eingang der Regeneration ausgeführt und zu einer Zeit, wo die Feuerung unter mittleren Verhältnissen steht, wird die Temperatur mittels eines Wannerpyrometers am Gewölbescheitel, am Boden der Mittelretorte und außerhalb der Flügelretorten gemessen. Die Temperaturen sollen dabei oben und unten nicht mehr als 80⁰ abweichen. Ist die Verbrennung nicht genügend langflammig, so wird eine Analyse des Generatorgases ausgeführt. Hoher Kohlensäuregehalt desselben bewirkt eine kurze Flamme wegen des geringen Oberluftbedarfes. In anderen Fällen ist der geringe Kohlenoxydgehalt eine Folge zu geringen Wasserdampfzusatzes. Kurzflammige Verbrennung tritt auch ein, wenn Generatorgas und Luft in stumpfem Winkel aufeinander stoßen. Eine weitere Aufgabe liegt in der Prüfung der Regeneration auf Dichtheit. Oft gibt schon die Zugmessung darüber Aufschluß. Haben z. B. die meisten Öfen 8 mm Zug nötig und eine Ofenseite braucht 12 mm, so ist mit ziemlicher Sicherheit zu schließen, daß dort eine Undichtheit der Regeneration vorliegt. Der Nachweis wird dann durch Rauchgasanalyse vom Eingang und Ausgang der Regeneration erbracht. Natürlich muß dabei auf Dichtheit der Schaulucken gesehen werden. Häufig gibt sich auch ein undichter Feuerkanal durch abnormen Zugabfall zu erkennen. Manchmal führt auch die zeitweise Kleinstellung der Oberluft zum Ziele, indem sich dabei die Undichtheit durch Nachverbrennung des Kohlenoxyds in der Regeneration zeigt. Es ist auch wünschenswert, die Menge unzersetzten Wasserdampfes in den Generatorgasen kennen zu lernen. Sie wird bestimmt, indem man das Gas mittels einer gewogenen Ballonflasche als Aspirator durch ein Chlorkalziumrohr ansaugt und dessen Gewichtszunahme feststellt. Es wäre zu wünschen, daß beim Bau der Öfen auf die Zugänglichkeit der wichtigsten Stellen der Gas- und Rauchgaskanäle mehr Rücksicht genommen würde.

Auch G e i p e r t[3]) betonte die große Wichtigkeit der richtigen Einstellung von Unter- und Oberluft. Es wird oft fälschlich empfohlen, an der Stellung des Unterluftschiebers nichts zu ändern und die Wärmezufuhr mit Hilfe von Oberluft und Zug zu regeln. Eine konstante Wärmezufuhr wird erzielt, wenn Oberluftöffnung und Zugstärke unverändert bleiben. Die Unterluft dagegen tritt auf stets wechselnde Verhältnisse. Die Verschlackung des Generatorrostes und die Korngröße des Brennmaterials ändern den Luftdurchgang. Bei gleicher Oberluftöffnung und unveränderter Zugstärke wird aber bei gleicher Zusammensetzung der Gase auch die Unterluftmenge konstant sein, wenn die Summe der Widerstände im Generator und in der Unterluftöffnung gleich ist. Entsprechend der zunehmenden Verschlackung des Rostes muß daher der Unterluftschieber allmählich geöffnet werden. G e i p e r t verweist auch darauf, daß man Undichtheiten in der Regeneration erkennen kann, wenn

---

[1]) Journ. f. Gasbel. 1910 S. 836.
[2]) Journ. f. Gasbel. 1910 S. 1105.
[3]) Journ. f. Gasbel. 1910 S. 82.

man mit den Rauchgasen ein wenig Kohlenoxyd verloren gehen läßt und die nachträgliche Verbrennung desselben in der Regeneration durch die Schaulucken beobachtet. Auf diese Weise kann man den Kohlensäuregehalt der Rauchgase auf 18 bis 20% bringen. Bei wechselndem Zug ist natürlich eine häufige Nachprüfung erforderlich. Ist eine Änderung der Temperatur des Ofens nötig, so wird dies durch Änderungen in der Zugstärke bewirkt. B e c k e r [1]) bemerkt, daß die Ansicht, ein hoher Zug reiße die Heiz- und Rauchgase ungenutzt durch den Ofen, vollständig irrtümlich ist. Ein zu großer Zug kann nur bei vorhandenen Undichtheiten nachteilig wirken, indem dann mehr falsche Luft eingesogen wird als bei geringem Zug. H e i n r i c h [2]) betont die Schwierigkeiten der gleichmäßigen Beheizung von Schrägretorten mit 5 m Länge. Im Interesse richtiger Temperaturverteilungen im Oberbau des Ofens müsse ein möglichst kleiner Raum zwischen Regulierplatten und Ofenbrennern angestrebt werden.

Verhältnismäßig wenig Beachtung wird bei den Gaswerken der richtigen Wahl der Schamottequalität geschenkt. Nach S c a r l e [3]) ist reiner Ton am widerstandsfähigsten gegen hohe Temperaturen. Er verträgt 1670⁰ C. Er darf nicht unter 33% Tonerde und muß wenig Kieselsäure (ca. 55%) enthalten. Es ist falsch, einen Ton nach seinem Kieselsäuregehalt zu schätzen, denn über einen gewissen Prozentsatz hinaus wirkt dieser nur nachteilig. Sobald der Ton in Berührung mit Kohle oder reduzierenden Gasen erhitzt wird, wird seine Widerstandsfähigkeit beeinflußt. Eisen wirkt ebenfalls nachteilig, indem reduzierende Gase und die Kieselsäure des Tones mit dem Eisenoxyd Schlacken bilden. Beim Entladen der Retorten kommen oft große Temperaturschwankungen vor. Für diesen Fall ist ein poröser Ton zu empfehlen. Dieser zeigt jedoch den Nachteil, daß dann die Retorten zu Anfang sehr undicht sind und wegen der schlechten Wärmeleitfähigkeit nur langsam in Glut kommen. Es kann auch ein Schwinden eintreten, wenn die Retorten beim Brennen nicht genügend stark erhitzt wurden. Anderseits sind als besonders hart empfohlene Tonwaren oft bei plötzlichen Temperaturänderungen sehr wenig haltbar. Beim Brennen soll die Temperatur 1400⁰ C betragen, und es soll der Ton beim Erhitzen auf den Schmelzpunkt nicht an Porosität verlieren. Asche oder alkalienhaltiger Staub kann die feuerfesten Produkte nicht nur chemisch sondern auch mechanisch angreifen. Überhitzter Dampf macht einen porösen Ton sehr weich. Änderungen im Ton können auch eintreten, wenn sich Graphit zwischen die Poren setzt und dieselben dadurch auseinandertreibt.

Auch S c h r e i b e r [4]) berichtet über die Zerstörung von Koksöfen und deren Ursache. Natriumsalze dissoziieren bei hohen Temperaturen. Das Alkali verbindet sich mit den sauren Bestandteilen der Steine, wodurch leicht schmelzbare Silikate entstehen. Ein Vorschlag K o p p e r s' geht dahin, den Kohlen Kieselsäure zuzusetzen, die das Alkali binden soll. Auch S c h r e i b e r betont, daß die Widerstandsfähigkeit der Steine mit steigendem Tonerdegehalt zunimmt und daß die Kohlenstoffablagerung zur Zerstörung der Steine beitrage. Tonerdereiche Steine pflegen dichter zu sein und lassen daher nicht so viel Kohlenstoff in ihren Poren absetzen.

G a r y [5]) prüfte erhitzte Schamottesteine auf ihre Druckfestigkeit. Die Steine mit dem höchsten spezifischen Gewicht waren keineswegs auch die festesten. Bei einmaliger Erhitzung auf 1000⁰ ist die Druckfestigkeit im erhitzten Zustand höher als im kalten.

---

[1]) Journ. f. Gasbel. 1910 S. 221.
[2]) Journ. f. Gasbel. 1910 S. 1177.
[3]) Journ. of Gaslightg. 1910 S. 424. Journ. f. Gasbel. 1910 S. 1076.
[4]) Stahl und Eisen 1910 S. 1839.
[5]) Stahl und Eisen 1910 S. 963. Journ. f. Gasbel. 1910 S. 948.

C l e m e n t  und  E g y[1]) bestimmen die Wärmeleitfähigkeit von Schamotte. Der höchste Wert wurde für mittelgroben Ton mit 0,00362, der niederste für sehr feinen Ton mit 0,00221 erreicht.

A r n o l d[2]) empfiehlt zur Isolierung der Retortenöfen Termalit derart, daß oberhalb des Gewölbes und an der Rückseite des Umbaues eine 6,5 cm dicke Schicht und an der Vorderseite eine 3 cm dicke Schicht angebracht wird. Die Isolierung schützt die Arbeiter vor der Wärmeausstrahlung und wurden auch Verstopfungen in den Steigrohren dadurch verhindert.

K ö r t i n g[3]) verweist darauf, daß es vorteilhafter ist, häufiger neue Retorten einzusetzen (etwa nach 700 bis 1000 Feuertagen) anstatt durch Flicken und Ausbessern die Retorte gewaltsam auf eine möglichst hohe Dauer zu treiben. Die Retorten der Vertikalöfen halten nach K ö r t i n g s Angabe 2¾ Jahre.

Eine systematische Zusammenstellung der heutigen Ofentypen hat G r e b e l[4]) herausgegeben. S c h w e i z e r[5]) empfiehlt, zwischen dem Gewölbe und dem eigentlichen Ofen einen Zwischenraum von 25 bis 30 mm Höhe frei zu lassen. wodurch der Bruch der Retorten vermieden wird. Die Retorten sind mit dem Kopf in die Vorderwand eingemauert, an der hinteren Seite liegen sie jedoch frei. Weiters wird der Bruch vermindert, wenn der Flansch des Mundstückes in das Mauerwerk eingelassen ist. Zum Trockenfeuern kann Holz oder Koks verwendet werden. Die Holzfeuerung hat aber eine umsichtige Aufwartung nötig. Manche füllen die Retorte beim Anheizen mit Koks. Es soll aber dazu nur trockener Koks verwendet werden. Es findet dann eine bessere Wärmeverteilung statt als bei leeren Retorten. Trotzdem hält es der Verfasser für zweckmäßiger, die Retorten leer zu lassen, da das Füllen der Retorten kostspielig ist. S c h w e i z e r hält die Regulierung der Öfen mittels des Unterluftschiebers, wie sie von G e i p e r t empfohlen wurde, in der Praxis nicht durchführbar und er hält den durch die Schlackenbildung hervorgerufenen Widerstand für so gering, daß ein 5 bis 6 maliges Nachregulieren innerhalb 24 Stunden als Zeitverschwendung zu bezeichnen wäre.

P o h m e r[6]) hat in den Generatoren der Retortenöfen Treppenroste angebracht. Zufolge der erzielbaren großen Rostfläche verursacht die Reinhaltung derselben nur sehr wenig Mühe. Mittels eines dünnen eisernen Hackens werden die auf den Stufen des Rostes liegenden Schlackenstücke alle sechs Stunden entfernt. Weitere Vorteile sind: die geringen Anschaffungskosten, weil der Dampferzeuger fortfällt, und der geringere Verschleiß an Schamottemauerwerk. Die Temperatur des Ofens bleibt gleichmäßiger, denn die Störung der Arbeitsweise des Generators erfolgt immer nur auf einige Minuten. Man kann kleinen Koks verwenden, und es gelangt auch weniger Koks in die Schlacke. Man kann jedoch den Treppenrost nur dort anwenden, wo es möglich ist, eine große Rostfläche herzustellen, nämlich mindestens 1,45 qm pro 100 kg Koksverbrauch und Stunde.

Trotz der neuen Bestrebungen, die Horizontalöfen zu verdrängen, können auch diese bei Neuanlagen noch gute Dienste leisten, wenn sie in zweckmäßiger Weise angeordnet und bedient werden. Seit 1909 ist das Stuttgarter Gaswerk mit 22 Stück Neuner-Horizontalöfen mit 6 m langen Retorten von eliptischem Profil 600 × 400 ausgerüstet, wie G ö h r u m[7])

---

[1]) Iron Trans. Revue 1910 S. 821.  Journ. f. Gasbel. 1910 S. 836.

[2]) Journ. of Gaslightg. 1910 S. 171.  Journ. f. Gasbel. 1910 S. 725.

[3]) Journ. f. Gasbel. 1910 S. 45.

[4]) Journ. f. Gasbel. 1910 S. 401.

[5]) Retortenofenbetrieb.  Journ. f. Gasbel. 1910 S. 394.

[6]) Übersicht über d. Gasfach. märk. Ver. Berlin 1910.  Journ. f. Gasbel. 1910 S. 816.

[7]) Journ. f. Gasbel. 1910 S. 793.  Zeitschr. d. österr. Gasver. 1910 S. 457.

berichtet. Sie sind mit d e B r o u w e r schen Lade- und Stoßmaschinen versehen. Der Kokstransport wird mit dem I l l i g schen Verfahren bewerkstelligt. Die Vorlage steht 2 m über Ofenoberkante. Da-durch werden Teerverdickun-gen vermieden. Durchsackun-gen der Retorten haben nicht stattgefunden. Die Ladung erfolgt neunstündig mit durch-schnittlich 650 kg. Auf der Außstoßseite wird kein Ein-satzblech verwendet, vielmehr ein Stück des Kokskuchens am Retortenende stehen ge-lassen. Die durchschnittliche Gasausbeute betrug 32,6 cbm bei 5000 Kal. unterem Heiz-wert bei 15⁰. Die Leistung eines Ofens betrug 4400 cbm täglich oder pro Quadrat-meter Ofenhausfläche 50 cbm täglich. Die Unterfeuerung betrug 13 bis 14%. Das Be-dienungspersonal einschließ-lich Maschinisten, Schlacker und Bedienung der Koks-bahn beträgt sieben Mann bei achtstündiger Schicht. Die etwas höheren Arbeitslöhne stellen gegenüber den gerin-gen Verzinsung- und Amor-tisationskosten in der Ge-samtwirkung keinen finan-ziellen Nachteil dar. Daher können auch die horizontalen Retorten bei derartigen An-ordnungen mit allen moder-nen Ofensystemen in Wett-bewerb treten.

Auch R u t t e n [1]) be-richtet über Öfen mit hori-zontalen Retorten von 6 m Länge. Bei diesen ist die Lade- und Stoßmaschine zwi-schen den beiden Ofenblocks angeordnet. Hinter den Öfen befindet sich je eine Brouwer-rinne. Oberhalb des Ofenflurs

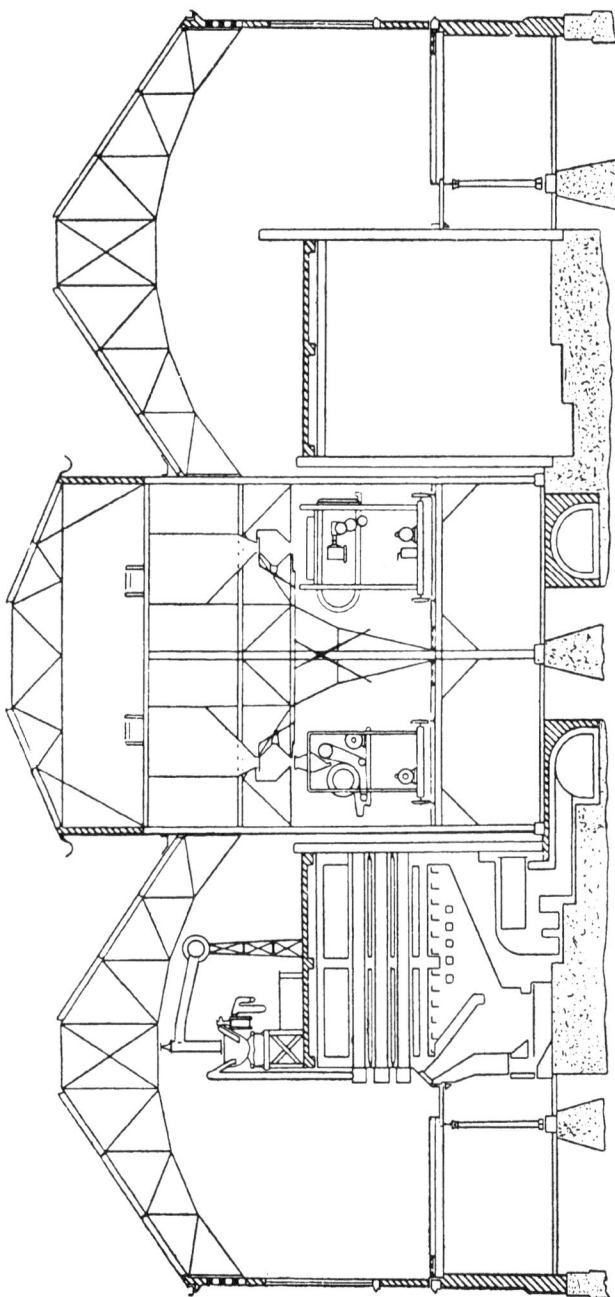

Fig. 12.

---

[1]) Journ. f. Gasbel. 1910 S. 598.

sind die Kohlenbunker angeordnet. Fig. 12 zeigt einen Querschnitt des Ofenhauses. Zufolge zuerst eingetretener Senkungen der mittleren Retorten waren Verstärkungen des Mauerwerkes erforderlich. Jetzt fällt jedoch R u t t e n ein günstiges Urteil über diese Öfen. Auch Rutten hat Treppenroste angewendet. Diese müssen jedoch alle vier Stunden gereinigt werden, da sonst die Unterschiede des Zuges vor und nach dem Schlacken zu groß werden. Außerdem wird alle 24 Stunden einmal gründlich geschlackt mit Hilfe von wassergekühlten Hilfsroststäben. Er empfiehlt mit möglichst wenig Zug, am besten sogar mit geringem Druck unter dem Gewölbe, zu arbeiten. Bei einer Ausstehzeit von sechs Stunden werden 475 kg pro Retorte geladen. Ein Ofen erzeugt in 24 Stunden 5000 cbm. Bei Verwendung von $\frac{1}{3}$ englischer und $\frac{2}{3}$ westfälischer Kohle wurden im Jahresdurchschnitt 29,4 cbm Ausbeute bei 72,1% Koksausbringen und 15,1% Unterfeuerung erzielt, bei einer Lichtstärke von 19 HK und 5412 Kal. pro Quadratmeter Ofenhausfläche ergaben sich 55 cbm täglich.

**Vertikal- und Kammeröfen.** Um einen Überblick über die Ansichten zu erhalten, die im abgelaufenen Jahre in so reichlichem Maße über diese beiden wichtigsten Neuerungen in der Gaserzeugung geäußert wurden, wird es notwenig sein, das Für und Wider in bezug auf die Einzelheiten zu zerlegen. Es wird uns dann leichter möglich sein, ein Urteil darüber zu gewinnen, in welchen Punkten das eine oder das andere System nach den Äußerungen der Fachmänner überlegen ist. Wir wollen somit die Betrachtungen zerlegen in bezug auf Ausbeute und Heizwert, Unterfeuerung, Arbeitslöhne, Anlagekosten, Reparaturen resp. Sicherheit und Bequemlichkeit des Betriebes, Platzbedarf, Gleichmäßigkeit des Gases, Beschaffenheit und Abtransport der Nebenprodukte, Dehnbarkeit des Betriebes nebst Urteilen über die Nachtarbeit, und die in den Öfen angewendeten Temperaturen.

Zuvor wollen wir aber einige neuerrichtete Vertikal- und Kammerofenanlagen besprechen.

Der Vertikalofen hat durch die Anordnung von 18 Retorten in einem Ofen mit drei Reihen hintereinanderliegender Retorten eine Verbesserung von weittragender Bedeutung erfahren[1]). Es vermehrt dies nicht nur die Gasproduktion eines Ofens, ohne eine sonstige Veränderung nötig zu machen, sondern verbessert auch wesentlich die Wärmebilanz der Heizung, da durch die auf 100 kg Kohle entfallende größere Heizfläche ein rascheres Eindringen der Wärme in die Mitte der Retorte ermöglicht ist. Über die Resultate des Betriebes mit diesem neuen Vertikalofen hat auch G e i p e r t [2])[3]) auf der Versammlung in Magdeburg 1910 berichtet, auf deren Einzelheiten wir weiter unten zu sprechen kommen. Überdies ist dieser neue Dessauer Vertikalofen, bei dem die Füllung und Entleerung von je drei Retorten gleichzeitig erfolgt, auch in einer illustrierten Druckschrift[4]) beschrieben. Im übrigen ist der Vertikalofen bereits so eingeführt, daß die Neuerrichtung solcher Ofenanlagen nicht mehr zu den Seltenheiten gehört und daher auch nicht mehr die Anlagen, sondern nur mehr die Betriebsresultate erörtert werden, worüber wir untenstehend berichten.

Anders steht die Angelegenheit bei den Kammeröfen. Der Kammerofen bedeutet eine viel gründlichere Umwälzung des ganzen Gaswerksbetriebes, und es ist daher nur selbstverständlich, daß hier Kinderkrankheiten und mannigfache Neukonstruktionen in viel intensiverer Weise auftreten. Dementsprechend sind auch im letzten Jahre vielfache Neu-

---

[1]) Journ. f. Gasbel. 1910 S. 1.
[2]) Welches Ofensystem ist für 20 000 cbm Tagesproduktion zu empfehlen? Journ. f. Gasbel. 1910 S. 1061.
[3]) Journ. f. Gasbel. 1910 S. 966.
[4]) Dessauer Vertikalofen. Journ. f. Gasbel. 1910 S. 173.

anlagen von Kammeröfen beschrieben worden und es wird noch eine Zeitlang dauern, ehe der Kammerofen in das ruhige Fahrwasser der umfangreichen Anwendung in unveränderter Form gelangt ist; dies spricht jedoch durchaus nicht gegen das Prinzip des Kammerofens.

Fig. 13.

Es wird nur länger dauern, bis er die höchste Stufe der Vollkommenheit erreicht hat, während diese beim Vertikalofen bereits erreicht zu sein scheint. Ob diese höchste Stufe bei dem einen oder dem anderen System überragt, darüber kann natürlich jetzt noch nichts gesagt werden.

Über neue Kammerofenanlagen berichteten R e i n h a r t [1]), G ö b e l [2]) und H e c k e r t [3]). Ferner ist der ausführliche Bericht P e i s c h e r s [4]) über die erste städtische Gasversorgung mit ausschließlichem Horizontalkammerofenbetrieb in Innsbruck von besonderem Interesse[5]). Diese Anlage besitzt 15 000 cbm Tagesleistung und enthält sechs Horizontalkammeröfen, System K o p p e r s. Es sind jedoch zunächst nur vier Stück zu je drei Kammern aufgebaut. (Fig. 13.) Die Kammern besitzen 4,11 m Länge, 0,45 m Breite und eine Füllhöhe von 2,5 m. Sie fassen je 3800 kg Kohle, die Ausstehzeit beträgt 24 Stunden, kann jedoch auch auf 48 Stunden ausgedehnt werden.

Die Abdeckung des Gassammelkanals liegt 350 mm tiefer als der Scheitel der Kammer. Dieser bleibt somit unbeheizt, was eine besondere Schonung der abziehenden Destillationsgase erklärt[6]). Eine große Mannigfaltigkeit im Bau von Kammeröfen hat K l ö n n e [7]) entwickelt. Er teilt die Betriebsergebnisse der Horizontalkammeröfen in Rotterdam, Padua, Rixdorf und Frankenthal, ferner die der Schrägkammeröfen in Königsberg und der Vertikalkammeröfen in Dortmund, schließlich der Kleinkammeröfen in Wernigerohde a. H. mit. Über die K l ö n n e schen Anlagen sprach auch P a r s y auf der französischen Gasfachmännerversammlung in Paris 1910[8]).

Er betonte dabei die Vorzüge der Haltbarkeit und Billigkeit der Horizontalkammeröfen. K r a u s e [9]) berichtet über die Erweiterung der Kammerofenanlage in Hamburg, welche auf Grund des 1½ jährigen Betriebes der ersten Kammerofenanlage beschlossen wurde. Für diese Neuanlage, die für 100 000 cbm Tagesleistung gebaut ist, sind weitreichende Garantien gegeben worden, auf welche wir unten noch zu sprechen kommen.

**Ausbeute und Heizwert.** Betreffs der erzielten Ausbeuten sind die in den Veröffentlichungen zu findenden Angaben leider meistens sehr unvollständig[10]), so daß es schwer ist, ein richtiges Bild zu gewinnen. Die Gasausbeute in cbm pro 100 kg Kohle wird gewöhnlich angegeben, ohne dabei zu erwähnen, bei welcher Temperatur und unter welchem Druck das Gas gemessen wurde. Nur in den seltensten Fällen findet man eine Reduktion dieses Gasvolums auf $0^0$ und 760 mm Druck angegeben. Dann wird das Gasvolum gewöhnlich angegeben, ohne die in demselben enthaltene Feuchtigkeit in Abzug zu bringen und die Wertzahl, d. h. das Produkt aus Gasausbeute und Heizwert wird häufig aus einem Gasvolum, welches bei höherer Temperatur und feucht gemessen wurde, und einem Heizwert, welcher sich auf Gas von $0^0$ im trockenen Zustand bezieht, berechnet. Auch bei der Angabe des Heizwertes findet man nicht immer die Temperatur angegeben, auf welche sich derselbe bezieht (Vgl. S t r a c h e, Zeitschr. d. öst. Gasv. 1910, S. 278). Hier darf man aber dort, wo Angaben fehlen, voraussetzen, daß die Reduktion auf $0^0$ vorgenommen wurde. weil dadurch die Zahl höher erscheint. Schließlich fehlt oft die Angabe, aus welcher Kohle die betreffende Ausbeute erzielt wurde, und bei Vertikalöfen, ob die Kohle mit oder ohne Dampf vergast wurde. Da Gasausbeute und Heizwert in einem engen Verhältnis zueinander stehen,

---

[1]) Sächs.-Thüring. Ver. Versamml. Magdeburg 1910. Journ. f. Gasbel. 1910 S. 461. — [2]) Ebendaselbst. — [3]) Ebendaselbst.

[4]) P e i s c h e r. Zeitschr. d. österr. Gasver. 1910 S. 105.

[5]) Erste städtische Gasversorgung mit ausschließl. Horizontalkammerofenbetrieb. Journ. f. Gasbel. 1910 S. 119.

[6]) Bericht über die Jahresversamml. d. österr. Ver. in Innsbruck. Diskussion. Journ. f. Gasbel. 1910 S. 841. Zeitschr. d. österr. Gasver. 1910 S. 252 u. 260.

[7]) K l ö n n e, Kammeröfen. Journ. f. Gasbel. 1910 S. 969.

[8]) Französ. Gasfachmännerverein. Versamml. 1910 in Paris. Journ. f. Gasbel. 1910 S. 722.

[9]) Erweiterungen des Hamburger Gaswerkes. K r a u s e. Journ. f. Gasbel. 1910 S. 261.

[10]) Diskussion auf der Versamml. in Innsbruck. Zeitschr. d. österr. Gasver. 1910 S. 278 und S. 323.

weil bei höheren Temperaturen einesteils durch Zersetzung der Kohlenwasserstoffe in solche von geringerem Heizwert, anderseits, auch durch übermäßige Exhaustorwirkung das Volum vermehrt und der Heizwert herabgesetzt wird, so lassen sich Ausbeute und Heizwert nicht getrennt betrachten und sind dieselben daher in den nachstehenden Tabellen A und B (s. S. 32) gemeinsam angeführt. Die Heizwertzahl, d. h. das Produkt aus Gasausbeute und Heizwert darf jedoch nur in den Fällen berechnet werden, wo Angaben über die Temperaturen und Feuchtigkeitsgehalt, auf welche sich beide beziehen, vorliegen. Ausbeute und Heizwert wurden wie folgt angegeben:

## A. Für Vertikalöfen.

| Autor | Gaswerk | Ausbeute cbm aus % kg | Zustand des Gases | Heizwert | Bzeichnung des Heizwertes |
|-------|---------|------------------------|--------------------|----------|----------------------------|
| Körting[1] . . . . | Mariendorf | 34,8 | — | 5195 | 0⁰ trocken |
| Röhrich[2] . . . . | Offenbach | 36,5 | — | — | — |
| Förtsch[3] . . . . | Ludwigshafen | 33,0 | — | — | — |
| Geipert[4] . . . . | — | 37,3 | 15⁰ C | 5195 | 0⁰ oberschles. Kohle, nasse Vergasung |
| Geipert[5] . . . . | — | 38,5 | 15⁰ C | 5400 | 0⁰ Saarkohle, nasse Vergasung |

W e i ß [6] bemerkt betreffs der Ausbeute, daß bei der Vertikalofenanlage in Zürich auch bei trockenem Betriebe 8% mehr Gas erhalten wurde, als bei dem Betriebe mit Cozeöfen. P e i s c h e r [7] hebt hervor, daß in Innsbruck ein Gas von hohem Heizwert gemacht werden müsse, da die Konsumenten das Gas zufolge der hohen Lage unter geringem Druck beziehen und daher zu Schaden kommen würden, wenn das Gas nicht hochwertig wäre. Der Heizwert des dortigen Gases berechnet sich auf trockenen Zustand, 0⁰ und 760 mm Druck reduziert, auf mehr als 6000 Kal. H e c k e r t [8] hebt hervor, daß die für die Münchener Kammerofenanlage ursprünglich gegebenen Ausbeutezahlen nicht mehr maßgeblich seien. Durch Anbringung von Querverankerungen an den Öfen wurde eine Verbesserung des Betriebes derart erzielt, daß bis zu 37 cbm Ausbeute aus Saarkohle erhalten werden konnte. Er verweist auf die von D r e h s c h m i d t festgestellten Ergebnisse. Er betont auch, daß der älteste Typ des Münchener Ofens nicht in eine Parallele mit dem neuesten Typ des Vertikalofens gestellt werden könne. Auch die Wassergaserzeugung könne in der Kammer ebensogut durchgeführt werden wie in der Retorte. G ö b e l [9] führt seine im Dresdner Kammerofen gewonnenen Betriebszahlen an. H e c k e r t [10] berichtete über die neuen in Hamburg und München ausgeführten Kammerofenanlagen. G e i p e r t [11] meint, die in

---

[1]) Journ. f. Gasbel. 1910 S. 1.

[2]) Welches Ofensystem ist für 20 000 cbm Tggesproduktion zu empfehlen? Journ. f. Gasbel. 1910 S. 1061. — [3]) Ebendaselbst.

[4]) G e i p e r t , Journ. f. Gasbel. 1910 S. 341. Zeitschr. d. österr. Gasver. 1910 S. 209. — [5]) Ebendaselbst.

[6]) Diskussion auf der Versamml. in Innsbruck. Zeitschr. d. österr. Gasver. 1910 S. 278 und S. 323.

[7]) P e i s c h e r . Zeitschr. d. österr. Gasver. 1910 S. 105.

[8]) Fortschritte der Gasbeleuchtung. Journ. f. Gasbel. 1910 S. 1040.

[9]) Sächs.-Thüring. Ver. Versamml. Magdeburg 1910. Journ. f. Gasbel. 1910 S. 461. — [10]) Ebendaselbst.

[11]) R a u c h , Der Münchener Kammerofen. Diskussion auf der Innsbrucker Versamml. Journ. f. Gasbel. 1910 S. 861. Zeitschr. d. österr. Gasver. 1910 S. 297.

Innsbruck erhaltenen Zahlen von 30,8 cbm bei einem Heizwert von 5554 Kal. ($15^0$) seien durchaus nicht günstig, wogegen P e i s c h e r hervorhob, daß der hohe Heizwert, der hier eingehalten werden müsse, die verhältnismäßig geringere Ausbeute bedinge. K r a u s e [1]) berichtet, daß in der Kammerofen-Versuchsgasanstalt in Grasbrook in Hamburg die ge-

## B. Für Kammeröfen.

| Autor | Gaswerk | Ausbeute cbm aus % kg | Zustand des Gases | Heizwert | Bezeichnung des Heizwertes |
|---|---|---|---|---|---|
| Riemann [2]) . . . | — | 32,5 | — | 4700 | — |
| Peischer [3]) . . . . | Innsbruck | 32,85 | $15^0$ | 5630 | — |
| do. . . . . | nach 3 Monaten | — | — | 5287 | — |
| do. [4]) . . . . | » 6 » | 30,80 | $15^0$ | 5454 | — |
| Parsy [5]) . . . . . | Rotterdam | 34,3 | — | 5541 | oberer |
| do. . . . . . | Padua | 34,6 | — | — | — |
| do. . . . . . | Frankenthal | 34—35 | — | — | — |
| Käfer [6]) . . . . . | Frankenthal | 34,79 | — | — | — |
| Gäßler [7]) . . . . | München | 37,31 | $0^0$ trocken | 5297 | oberer $0^0$ |
| Benninghoff [8]) . . | Frankenthal | 35,7 | — | 5222 | — |
| | | 37,6 | — | 5258 | — |
| | | 37,95 | — | 5370 | — |
| | | 36,59 | — | 5328 | — |
| do. . . . . | Padua | 34 | — | 5400 | — |
| do. . . . . | Rixdorf | 33,5 | — | 5400 | — |
| do. . . . . | Königsberg | 34 | — | 5400 | — |
| Bößner [9]) . . . . | Wien | 33,65—33,76 | $15^0$ | 5100 | $15^0$ |
| Reinhard [10]) . . . | — | 32,7 | — | 4900—5100 | oberer |
| Rauch [11]) . . . . | München | 34,39 | $15^0$ | 5474 | $0^0$ |
| | | 35,02 | — | 5307 | — |
| | | 38,74 | — | 4966 | — |
| | | 38,15 | — | 5511 | Saarkohle |
| | | 40,6 | — | 4885 | nasse Vergasung |
| do. . . . . | Dachauerstr. | 35,25 | — | 5760 | $0^0$ |
| Krause [12]) . . . . | Hamburg | 29,6 | — | — | — |
| | | 30,6 | — | — | — |
| » . . . . | » | 32—34 | — | — | Probeversuch |

[1]) Erweiterungen des Hamburger Gaswerkes. K r a u s e. Journ. f. Gasbel. 1910 S. 261.

[2]) Übersicht über das Gasfach, Versamml. d. Märk. Ver. Berlin 1910. Journ. f. Gasbel. 1910 S. 816.

[3]) Erste städtische Gasversorgung mit ausschließl. Horizontalkammerofenbetrieb. Journ. f. Gasbel. 1910 S. 219.

[4]) Bericht über die Jahresversamml. d. österr. Ver. in Innsbruck. Diskussion. Journ. f. Gasbel. 1910 S. 841. Zeitschr. d. österr. Gasver. 1910 S. 250 u. 260.

[5]) Französ. Gasfachmännerverein. Versamml. 1910 in Paris. Journ. f. Gasbel. 1910 S. 722.

[6]) Welches Ofensystem ist für 20 000 cbm Tagesproduktion zu empfehlen? Journ. f. Gasbel. 1910 S. 1061. — [7]) Ebendaselbst.

[8]) Diskussion auf der Versamml. in Innsbruck. Zeitschr. d. österr. Gasver. 1910 S. 278 und S. 323. — [9]) Ebendaselbst.

[10]) Fortschritte der Gasbeleuchtung. Journ. f. Gasbel. 1910 S. 1040.

[11]) R a u c h, Der Münchener Kammerofen. Diskussion auf der Innsbrucker Versamml. Journ. f. Gasbel. 1910 S. 861. Zeitschr. d. österr. Gasver. 1910 S. 297.

[12]) Erweiterungen des Hamburger Gaswerkes. K r a u s e. Journ. f. Gasbel. 1910 S. 261.

wöhnlichsten Gaskohlen 320 bis 340 cbm Gas ergeben. Im Großbetriebe wurden hingegen dort nur 296 bis 306 cbm erhalten. Er fand die Ursache dieses Unterschiedes in der geringeren Sorgfalt bei der Chargierung und bei der Beheizung, sowie bei der Behandlung der Vorlage und der Steigerohre.

**Unterfeuerung.** Auch betreffs der Unterfeuerung lassen die veröffentlichten Angaben nur in seltenen Fällen einen richtigen Vergleich zu, denn es ist selten angegeben, welche Qualität der zur Unterfeuerung benutzte Koks, insbesondere, welchen Wasser- und welchen Aschengehalt derselbe hatte. Um den Vergleich zu gestatten, wäre es jedenfalls vorteilhaft, wenn die Unterfeuerung immer auf Reinkoks umgerechnet würde, anderseits aber beanspruchen auch verschiedene Kohlensorten verschiedene Wärmemengen zur Entgasung und müßte daher auch immer die Art der vergasten Kohle angegeben werden.

Mit dieser Einschränkung der Vergleichbarkeit seien die nachstehenden Zahlen (siehe S. 34) tabellarisch zusammengestellt.

G e i p e r t [1]) hebt hervor, daß die relative Vergrößerung der Heizfläche beim 18 er-Vertikalofen den Wärmeübergang von den Heizflächen auf die Kohle begünstigt und außerdem die strahlende Fläche des Ofens im Vergleich mit seinem Fassungsvermögen geringer ist und daß dadurch der wesentlich geringere Verbrauch an Unterfeuerung gegenüber den Vertikalöfen älterer Typen bedingt ist. Die Unterfeuerung ist nunmehr bei nassem Betrieb der Vertikalöfen der Unterfeuerung bei gewöhnlichen Generatoröfen gleich geworden (K ö r t i n g [2]). Der Unterfeuerungsverbrauch erreicht nach L a n g [3]) bei keinem der in Betracht gezogenen Systeme die Resultate des Vertikalofens, ferner meint L a n g, daß die Vergrößerung der Vergasungseinheit, wie sie in der Kammer durchgeführt ist, keinen Fortschritt, sondern einen Rückschritt darstelle. S t r a c h e [4]) hebt dagegen hervor, daß, wenn die Retorte heiztechnisch der Kammer überlegen wäre, zweifellos in den Hüttenwerken die Kohle längst in Retorten entgast würde, anstatt in Kammern. Im Vertikalofen stellt sich das Verhältnis der Unterfeuerung zum Heizwert des erzeugten Gases wie 0,457 : 1, d. h. auf 100 000 Kal. im Gas kommen 45 700 Kal. an Unterfeuerungsmaterial (K ö r t i n g [5])).

B ö ß n e r [6]) trat in der Diskussion, welche auf der Innsbrucker Versammlung dem Vortrage P e i s c h e r s folgte, den für die Vertikalöfen angegebenen Unterfeuerungszahlen entgegen. Beim nassen Betrieb ist nämlich auch die zur Wassergaserzeugung benutzte Brennstoffmenge zu berücksichtigen, und außerdem wird bei der Wassergaserzeugung in der Retorte ein Teil des Kokses verbraucht. Die 5,28 cbm Wassergas, welche im Vertikalofen pro 100 kg Kohle erzeugt werden, enthalten rd. 1,4 kg C, welche 1,64 kg Verkaufskoks entsprechen. Zufolge der mangelhaften Zersetzung des Wasserdampfes in dem Vertikalofen muß man das Doppelte der theoretischen Dampfmenge berechnen, d. i. also 4 kg, oder bei fünffacher Verdampfung 0,8 kg Koks. Es sind also zu der angegebenen Unterfeuerung, die beim alten Vertikalofen 15,7% beträgt, noch 2,44% hinzuzurechnen, so daß sich der wirkliche

---

[1]) G e i p e r t, Journ. f. Gasbel. 1910 S. 341. Zeitschr. d. österr. Gasver. 1910 S. 209.

[2]) Journ. f. Gasbel. 1910 S. 1.

[3]) Übersicht über das Gasfach, Versamml. d. Märk. Ver. Berlin 1910. Journ. f. Gasbel. 1910 S 816.

[4]) Diskussion auf der Versamml. in Innsbruck. Zeitschr. d. österr. Gasver. 1910 S. 278 und S. 323.

[5]) Journ. f. Gasbel. 1910 S. 1.

[6]) Diskussion auf der Versamml. in Innsbruck. Zeitschr. d. österr. Gasver. 1910 S. 278 und S. 323.

## A. Für den Vertikalofen.

| Autor | Gaswerk | Unterfeuerung % der entgasten Kohle | Koksqualität |
|---|---|---|---|
| Körting[1] . . . . . | Mariendorf 18ener-Ofen | 11,8 | — |
| Geipert[2] . . . . . | do. | 11,8 | — |
| Röhrich[3] . . . . . | Offenbach | 15,5 | — |
| Förtsch[4] . . . . . | Ludwigshafen | 15 | — |
| Weiß[3] . . . . . . | Zürich | 15 | — |
| Koppers[6] aus Gas-World . . . . . | Mariendorf | 13,5—14 | — |
| | Oberspree | 16 | — |
| | Frankfurt | 16,9 | — |
| | Potsdam | 17,5 | — |
| | Charlottenburg | 19,5 | — |

## B. Für den Kammerofen.

| Autor | Gaswerk | Unterfeuerung % der entgasten Kohle | Koksqualität |
|---|---|---|---|
| Peischer[7] . . . . | Innsbruck | 12 | Reinkoks |
| do. [8] . . . . | nach 3 Mon. | 16,4 | Rohkoks |
| do. . . . . | » 6 » | 16,5 | » |
| Parsy[9] . . . . . . | Rotterdam | 14,5 | Reinkoks |
| | Padua | 13,99 | » |
| | Frankenthal | 12—14 | » |
| Käfer[10] . . . . . . | » | 14,8 | Rohkoks d. i. 12% Reinkoks |
| Gäßler[11] . . . . . | München | 11,77 | Reinkoks |
| Benninghoff[12] . . | Frankenthal | 14,5—14,2 | — |
| | Padua | 14,5 | — |
| | Rixdorf | 12,5 | — |
| | Königsberg | 15 | — |
| Bößner[13] . . . . . | Wien | 14,2 | — |
| Reinhardt[14] . . . | Leipzig | 15,4 | — |
| Rauch[15] . . . . . | München-Dachauer-straße | 13,5 | — |

---

[1] Journ. f. Gasbel. 1910 S. 1.

[2] Geipert, Journ. f. Gasbel. 1910 S. 341. Zeitschr. d. österr. Gasver. 1910 S. 209.

[3] Welches Ofensystem ist für 20 000 cbm Tagesproduktion zu empfehlen? Journ. f. Gasbel. 1910 S. 1061. — [4] Ebendaselbst.

[5] Diskussion auf der Versamml. in Innsbruck. Zeitschr. d. österr. Gasver. 1910 S. 278 und S. 323. — [6] Ebendaselbst.

[7] Erste städtische Gasversorgung mit ausschließl. Horizontalkammerofenbetrieb. Journ. f. Gasbel. 1910 S. 219.

[8] Bericht über die Jahresversamml. d. österr. Ver. in Innsbruck. Diskussion. Journ. f. Gasbel. 1910 S. 841. Zeitschr. d. österr. Gasver. 1910 S. 252 u. 260.

[9] Französ. Gasfachmännerverein. Versamml. 1910 in Paris. Journ. f. Gasbel. 1910 S. 722.

[10] Welches Ofensystem ist für 20 000 cbm Tagesproduktion zu empfehlen? Journ. f. Gasbel. 1910 S. 1161. — [11] Ebendaselbst.

[12] Diskussion auf der Versamml. in Innsbruck. Zeitschr. d. österr. Gasver. 1910 S. 278 und S. 323. — [13] Ebendaselbst.

[14] Fortschritte der Gasbeleuchtung. Journ. f. Gasbel. 1910 S. 1040.

[15] Rauch, Der Münchener Kammerofen. Diskussion auf der Innsbrucker Versamml. Journ. f. Gasbel. 1910 S. 861. Zeitschr. d. österr. Gasver. 1910 S. 297.

Unterfeuerungsverbrauch auf 18,14% stellt. Nach B ö ß n e r werden pro 1000 cbm Gas an Unterfeuerungsmaterial verbraucht:

Beim Vertikalofen 418 kg Koks.

Beim Kammerofen 424 kg Koks.

Beim Vertikalofen nasser Betrieb, 479 kg Koks, d. i. die von D e l l b r ü c k angegebenen Zahlen + 2,44%.

Beim 18 er Vertikalofen 381 kg Koks, d. i. die von G e i p e r t angegebenen Zahlen + 2,44%.

Nach P e i s c h e r [1]) kann der Graphitansatz in den Vertikalretorten als Beweis dafür gelten, daß die Beheizung nicht die zweckmäßigste ist, weil ein Teil der Kohlenwasserstoffe zersetzt wird. Nach R a u c h [2]) ist es nicht richtig, daß sich bei den Kammeröfen eine ungleichmäßige Verteilung der Wärme ergebe, wie dies öfters behauptet wurde. Es können deshalb die mittleren Kammern ebenso 24 stündig chargiert werden wie die Seitenkammern. Mit der Einführung der Schrägfeuerung wurden beim Münchener Kammerofen günstige Erfahrungen gemacht und auch das gänzliche Wegfallen der Steigerohrverstopfungen bezeugt eine richtige Beheizung.

**Arbeitslöhne.** Von allen Seiten wird der Entfall der Nachtarbeit als der wesentlichste Vorzug des Kammerofenbetriebes hervorgehoben. Die von anderer Seite ausgesprochenen Befürchtungen, daß die Gleichmäßigkeit der Gasqualität durch den Fortfall der Nachtchargen leiden könnte, hat sich als nicht richtig erwiesen, da es möglich ist, durch die Verteilung der Chargen über Tag genügende Gleichmäßigkeit in der Gasqualität zu erzielen. R a u c h [3]) legt diesbezügliche Diagramme vor. Durch den Fortfall der Nachtarbeit wird natürlich auch wesentlich an Arbeitslöhnen gespart. P e i s c h e r [4]) braucht in Innsbruck elf Mann für die Bedienung der Kammern. (G e i p e r t [5]) hält dem entgegen, daß bei den Vertikalofenanlagen in Oberspree und Weißensee mit drei Schichten à 1 Mann das Auslangen gefunden werde.) Die Betriebsunterbrechungen bei Kammerofenanlagen können jedoch auch größere Zeiträume umfassen, so wurde in Innsbruck [6]) die Chargierungen an Sonn- und Feiertagen nachmittags 3 Uhr oder manchmal auch schon mittags 12 Uhr geschlossen. Auch K ä f e r [7]) betont, daß sich der Wegfall der Nachtarbeit in Frankenthal sehr gut bewährt habe. Es ist dort nachts nur 1 Maschinist und 1 Kesselheizer im Werk. Während früher 15 Mann beschäftigt wurden, sind jetzt nur mehr sechs Mann erforderlich. Für den Neubau der Hamburger Kammerofenanlage wurden nach K r a u s e [8]) für 100 000 cbm Tagesleistung zehn Mann garantiert. Die ganze Chargierarbeit für diese Tagesleistung erfordert 2½ bis 3 Stunden innerhalb 24 Stunden.

D a v i d s o n [9]) gibt eine Zusammenstellung der Lohnkosten pro Tonne vergaster Kohle, wobei Laden, Ziehen und Bedienung der Unterfeuerung inbegriffen ist. Es betragen diese Ofenbetriebskosten:

---

[1]) Bericht über die Jahresversamml. d. österr. Ver. in Innsbruck. Diskussion. Journ. f. Gasbel. 1910 S. 841. Zeitschr. d. österr. Gasver. 1910 S. 250 u. 260.

[2]) R a u c h , Der Münchener Kammerofen. Diskussion auf der Innsbrucker Versamml. Journ. f. Gasbel. 1910 S. 861. Zeitschr. d. österr. Gasoer. 1910 S. 297. — [3]) Ebendaselbst. — [4¹]) Ebendaselbst. — [5]) Ebendaselbst.

[6]) Erste städtische Gasversorgung mit ausschließl. Horizontalkammerofenbetrieb. Journ. f. Gasbel. 1910 S. 219.

[7]) Welches Ofensystem ist für 20 000 cbm Tagesproduktion zu empfehlen? Journ. f. Gasbel. 1910 S. 1061.

[8]) Dessauer Vertikalofen. Journ. f. Gasbel. 1910 S. 173.

[9]) Mengen und Wert der Produkte und Nebenprodukte der Gasindustrie in Großbritannien. Journ. Soc. Chem. Ind. 1909 S. 1283. Journ. f. Gasbel. 1910 S. 1173.

bei Handarbeit . . . . . . . . . . . . . . . . . . . . . . M. 2,70
» alten, maschinellen Einrichtungen an Horizontalöfen . . . » 1,50
» Schrägretorten . . . . . . . . . . . . . . . . . . . » 1,—
» Horizontalöfen mit neuen maschinellen Einrichtungen . . » 0,75
» Vertikalöfen . . . . . . . . . . . . . . . . . . . . » 0,335
» Kammeröfen . . . . . . . . . . . . . . . . . . . . » 0,17

Die gesamte Ersparnis des Kammerofenbetriebes gegenüber Horizontalöfen betrug nach R e i n h a r d t [1]) in Leipzig innerhalb drei Monaten M. 36 000. Mit nur einer acht-stündigen Schicht konnte dort das Auslaugen nicht gefunden werden, da sich dann das Gas zu sehr verschlechterte, jedoch genügten zwei Schichten mit zusammen zehn Mann. In Innsbruck[2]) können die Arbeitslöhne deshalb nicht das Minimum erreichen, welches anderwärts angegeben wird, weil die Verschlußtüren mit Lehm verschmiert werden. Nach Anbringung einer automatischen Dichtung dürften sich weitere Lohnersparnisse ergeben. Es ist auch zu berücksichtigen, daß die Bedienung stets um so teurer ist, je kleiner die Anlage ist. (P e i s c h e r [3]). Die mechanische Arbeit erspart zwar Bedienung, erfordert jedoch Verzinsung und Amortisation für ein höheres Anlagekapital, wodurch Mehrkosten entstehen, welche oft belangreicher sind, als die Vergrößerung des Personals, so daß die Anzahl der Leute durchaus nicht allein für die Bedienungskosten maßgeblich ist. P e i s c h e r hebt ferner hervor, daß der Gesundheitszustand der Arbeiter bei den freistehenden Horizontal-ofenanlagen ein wesentlich günstigerer sei als in den geschlossenen Retortenofenhäusern. Auch K o p p e r s [4]) verweist darauf, daß die Betriebsverhältnisse zwischen ungleich großen Anlagen nicht verglichen werden dürfen.

Beim 18 er Vertikalofen sollen pro Mann und Schicht 17 000 cbm Gas erzeugt werden. B ö ß n e r [5]) bemerkt hierzu, daß davon 2400 cbm Wassergas seien, die in Abzug zu bringen sind, so daß also ein Mann nur 14 600 cbm erzeuge. Dagegen erreiche man bei Kammeröfen in Hamburg mit einem Mann 20 000 cbm Gas. Beim Kammerofen beträgt die Anzahl der Chargen nur $\frac{1}{4}$ bis $\frac{1}{7}$ von jener der Vertikalöfen. B ö ß n e r verweist auch darauf, daß bei den Vertikalöfen eine gut organisierte Arbeiterschaft viel leichter eine Vermehrung des Personals durchsetzen könne als beim Kammerofen. In Genua habe es z. B. die Arbeiter-organisation durchgesetzt, daß für 60 Vertikalöfen in 24 Stunden 17 Mann verwendet werden müssen. Nach B e n n i n g h o f f [6]) macht ein Mann bei Kammerofenanlagen von 7000 cbm Leistung 17 000 cbm. Es ist nur ein Mann bei der Maschine, ein Mann oben auf dem Ofen und ein Mann an der Koksseite erforderlich.

Beim Vertikalofen, Modell 1910, mit 18 Retorten, ist die Bedienung dadurch wesent-lich erleichtert, daß je drei Retorten zu einer Arbeitseinheit zusammengefaßt sind[7]) [8]). Es werden drei Retorten auf einmal mit 1500 kg Kohlen beschickt und ebenso auf einmal entleert. Dadurch ist es ermöglicht, daß ein Mann in 24 Stunden 16 bis 19 000 cbm Gas er-

[1]) Fortschritte der Gasbeleuchtung. Journ. f. Gasbel. 1910 S. 1040.
[2]) P e i s c h e r. Zeitschr. d. österr. Gasver. 1910 S. 105.
[3]) Bericht über die Jahresversamml. d. österr. Ver. in Innsbruck. Diskussion. Journ. f. Gasbel. 1910 S. 841. Zeitschr. d. österr. Gasver. 1910 S. 252 u. 260.
[4]) Journ. f. Gasbel. 1910 S. 966.
[5]) Französ. Gasfachmännerverein. Versamml. 1910 in Paris. Journ. f. Gasbel. 1910 S. 722.
[6]) Diskussion auf der Versamml. in Innsbruck. Zeitschr. d. österr. Gasver. 1910 S. 278 und S. 323.
[7]) Übersicht über das Gasfach, Versamml. d. märk. Ver. Berlin 1910. Journ. f. Gasbel. 1910 S. 816.
[8]) G e i p e r t, Journ. f. Gasbel. 1910 S. 341. Zeitschr. d. österr. Gasver. 1910 S. 209.

zeugt. L a n g [1]) bemerkt, daß dagegen in der Innsbrucker Kammerofenanlage ein Mann nur 13 000 cbm und in Rixdorf ein Mann 8500 cbm Gas erzeuge. P f u d e l [2]) hebt dagegen hervor, daß dieselbe Arbeiterzahl in Rixdorf eine größere Anzahl von Kammern bedienen könnte, wenn solche vorhanden wären, und würde man diesfalls in Rixdorf auf ähnliche Leistungen pro Arbeiter kommen wie bei den Vertikalöfen. In Padua wurden nach B e n - n i n g h o f f [3]) die 62 Mann der Bedienung des alten Retortenhauses nach Errichtung der Kammerofenanlage auf neun Mann reduziert. Nach R i e m a n n [4]) beträgt die Zahl der Arbeiter zur Bedienung der Rixdorfer Kammerofenanlage vier Mann in neunstündiger Schicht. Die Ausgabe an Löhnen beträgt dort für 1000 cbm M. 1,48. L a n g [5]) betont, daß auch bei der kleinsten Kammerofenanlage drei Mann pro Schicht erforderlich seien, worin entgegen der Bemerkung K o p p e r s die Arbeit auf der Kokslöschbühne nicht mit-inbegriffen sei, während bei kleinen Vertikalofenanlagen nur ein Mann pro Schicht erforderlich ist, der sämtliche Arbeiten besorgt. Danach würde bei kleineren Anlagen der Vertikalofen weniger Löhne beanspruchen als der Kammerofen.

**Anlagekosten.** Das Vertikalofenmodell 1910 bringt auch betreffs der Anlagekosten eine wesentliche Verbesserung des Vertikalofens. Im Zwölferofen wurden in 24 Stunden 5365 cbm Gas gewonnen, im 18er Ofen dagegen 7425 cbm (G e i p e r t [6]). Die Anlagekosten sind dadurch in nahezu gleichem Verhältnis verringert und betragen daher nur $5/_7$, auf die gleiche Leistung gerechnet. Dazu kommt auch noch der verringerte Platzbedarf für die gleiche Leistung [7]).

Bei den Kammeröfen sind einesteils die Anlagekosten durch weniger massive Konstruktion, als wie sie beim ersten Münchener Kammerofen gewählt wurden, verringert worden, und es läßt sich auch bei leichterem Bau die genügende Dichtung der Kammern erzielen (R a u c h )[8]). Anderseits ist durch die Freistellung der Kammeröfen das Ofenhaus gänzlich in Wegfall gekommen und hat auch die K o p p e r s sche Horizontalkammerofenanlage in Innsbruck erwiesen, daß die Gesundheitsverhältnisse der Arbeiter auch bei —15[0] Kälte nicht ungünstig beeinflußt werden (P e i s c h e r [9]) [10])). Es erscheint daher gerechtfertigt, den Vergleich der Kosten einer Kammerofenanlage ohne Ofenhaus mit den Kosten einer Vertikalofenanlage einschließlich des Ofenhauses durchzuführen, wo eben die sonstigen Umstände die Freistellung der Kammerofenanlage ermöglichen. P e i s c h e r [11]) gibt die Kosten der Innsbrucker Kammerofenanlage mit K 370 000 an, wobei mit $1/_6$ Ofenreserve pro Tag 17 000 cbm erzeugt werden können. Es stellen sich somit die Anlagekosten pro cbm Tagesproduktion auf K 20,40, wogegen sie bei Cozeöfen auf K 18,33, bei Vertikalöfen auf K 26,67 und bei Schrägkammeröfen auf K 34 gekommen wären.

W e i ß [12]) meinte dagegen in der dem Vortrage P e i s c h e r s in Innsbruck folgenden Diskussion, daß man in bezug auf die Notwendigkeit eines Ofenhauses sehr verschieden

[1]) Übersicht über das Gasfach, Versamml. d. Märk. Ver. Berlin 1910. Journ. f. Gasbel. 1910 S. 816.
[2]) Ebendaselbst. — [3]) Ebendaselbst. — [4]) Ebendaselbst.

[5]) Bemerkungen zum Bericht über die Versamml. d. Märk. Ver. Journ. f. Gasbel. 1910 S. 1054.

[6]) G e i p e r t, Journ. f. Gasbel. 1910 S. 341. Zeitschr. d. österr. Gasver. 1910 S. 209.

[7]) Dessauer Vertikalofen. Journ. f. Gasbel. 1910 S. 173.

[8]) R a u c h, Der Münchener Kammerofen. Diskussion auf der Innsbrucker Versamml. Journ. f. Gasbel. 1910 S. 861. Zeitschr. d. österr. Gasver. 1910 S. 297.

[9]) Erste städtische Gasversorgung mit ausschließl. Horizontalkammerofenbetrieb. Journ. f. Gasbel. 1910 S. 219. — [10]) Ebendaselbst.

[11]) P e i s c h e r. Zeitschr. d. österr. Gasver. 1910 S. 105.

[12]) Diskussion auf der Versamml. in Innsbruck. Zeitschr. d. österr. Gasver. 1910 S. 278 und S. 323.

Meinung sein könne, und daß der Vergleich daher nur so zu führen sei, daß die Öfen allein ohne Ofenhaus zu berücksichtigen wären. Dann stellen sich die Anlagekosten des Vertikalofens auf K 17 pro cbm Tagesleistung gegen K 20 beim Kammerofen. Ebenso meint B l u m [1]), daß man nicht überall wie in Innsbruck die Öfen im Freien ohne Schutz gegen Regen und Schnee errichten könne. In der Erwiderung sagte jedoch P e i s c h e r [2]), daß er sich einen in ein Ofenhaus eingebauten Horizontalkammerofen gar nicht vorstellen könnte und dies die Gesundheitsverhältnisse der Arbeiter erschweren aber nicht erleichtern würde. Auch L a n g [3]) gibt die Kosten der Horizontalkammerofenanlage, auf die gleiche Leistung berechnet, höher an als die Kosten der Vertikalöfen. Natürlich aber ohne Berücksichtigung des Umstandes, daß in ersterem Fall kein Ofenhaus nötig ist, in letzterem aber wohl.

**Betriebssicherheit und Reparaturen.** W e i ß [4]) hebt zugunsten der Vertikalöfen hervor, daß bei der Züricher Anlage die Reparaturkosten verschwindend geringe seien. Es wurde öfters hervorgehoben, daß das Einleiten von Dampf bei der nassen Entgasung in den Vertikalretorten die Haltbarkeit der Retorten ungünstig beeinflusse. G e i p e r t [5]) widerspricht dem, denn es werde ja nicht flüssiges Wasser, sondern Wasserdampf angewendet, dessen spezifische Wärme außerordentlich gering sei. (Bekanntlich ist die spezifische Wärme des Wasserdampfes beträchtlich höher als die aller anderen Gase.)

P e i s c h e r [6]) gibt an, daß die Unterhaltungskosten der Horizontalkammeröfen noch geringer sei als bei den Vertikalöfen. Die Generatoren der Kammeröfen werden in Innsbruck nur täglich einmal geschlackt. Die Graphitbildung ist verschwindend und das Ausbrennen der Kammern daher gar nicht erforderlich [7]). Auch die Steigerohre brauchen nur täglich einmal ausgebrannt zu werden und wird dann mit dem Wischer durchgefahren. Zum Zwecke der Abfuhr des beim Chargieren entstehenden Rauches wird eine Blechrohrabzugsleitung oberhalb der Steigrohre angebracht. Der Hartteer wird täglich entnommen. Es hat sich als zweckmäßig erwiesen, anstatt Wasser Teer in die Vorlagen zu pumpen.

Der Teer ist bei der Innsbrucker Horizontalkammerofenanlage dünnflüssig und sind Erhärtungen und Verstopfungen nicht vorgekommen. In Hamburg betrugen die Reparaturkosten der dortigen Schrägkammerofenanlage nach Angabe H e c k e r t s [8]) 2½%. Dort bestanden besondere Schwierigkeiten, wegen der unsicheren Fundierung, derzufolge sich die ganze Ofenanlage gesenkt hat und die Fundamente geborsten sind. Trotzdem sind günstige Betriebsresultate erzielt worden. (36 cbm Ausbeute aus englischen Kohlen und 13% Unterfeuerung.) Auch G ä ß l e r [9]) hebt die Sicherheit des Kammerofenbetriebes hervor. Der

---

[1]) Welches Ofensystem ist für 20 000 cbm Tagesproduktion zu empfehlen? Journ. f. Gasbel. 1910 S. 1061.

[2]) R a u c h , Der Münchener Kammerofen. Diskussion auf der Innsbrucker Versamml. Journ. f. Gasbel. 1910 S. 861. Zeitschr. d. österr. Gasber. 1910 S. 297.

[3]) Übersicht über das Gasfach, Versamml. d. Märk. Ver. Berlin 1910. Journ. f. Gasbel. 1910 S. 816.

[4]) Diskussion auf der Versamml. in Innsbruck. Zeitschr. d. österr. Gasver. 1910 S. 278 und S. 323.

[5]) Übersicht über das Gasfach, Versamml. d. Märk. Ver. Berlin 1910. Journ. f. Gasbel. 1910 S. 816.

[6]) Bericht über die Jahresversamml. d. österr. Ver. in Innsbruck. Diskussion. Journ. f. Gasbel. 1910 S. 841. Zeitschr. d. österr. Gasber. 1910 S. 252 u. 260.

[7]) Erste städtische Gasversorgung mit ausschließl. Horizontalkammerofenbetrieb. Journ. f. Gasbel. 1910 S. 219.

[8]) Fortschritte der Gasbeleuchtung. Journ. f. Gasbel. 1910 S. 1040.

[9]) Welches Ofensystem ist für 20 000 cbm Tagesproduktion zu empfehlen? Journ. f. Gasbel. 1910 S. 1061.

Kokskuchen rutscht in 90% der Fälle bei der Münchner Anlage von selbst und bei höchstens 3% ist die Benutzung der Ausstoßmaschine notwendig. Betreffs des Herausbringens des Kokes beim Vertikalofen bemerkte dagegen K ö r t s c h [1]), daß, wenn einmal der Koks festsitzt, das Herausbringen kein Leichtes sei, da die Gefahr besteht, daß der glühende Koks auf die Arbeiter fällt. Auch R a u c h [2]) gibt die Reparaturkosten der Münchner Kammerofenanlage mit nur 2½% an. Die Reparaturen beschränken sich auf die periodische Erneuerung der beiden Mittelwände. Auch das Einsetzen einzelner Stücke in die Kammerwand ist mit gutem Erfolge durchgeführt worden. Dagegen meint B l u m [3]) es sei abzuwarten, ob die Horizontalkammeröfen dauernd so dicht zu halten sind, daß kein allzu großer Stickstoffgehalt ins Gas kommt. Ebenso hält S t r a c h e [4]) dies für die wichtigste Frage beim Kammerofenbetrieb.

**Platzbedarf.** Ebenso wie die Anlagekosten ist auch der Platzbedarf durch die Einführung des 18er Vertikalofens gegenüber dem älteren 12er Ofen wesentlich verringert worden. (K ö r t i n g)[5]). Nach L a n g [6]) beträgt die Produktion des 18er Ofens pro 1 qm Ofenfläche 220 bis 250 cbm, wogegen sie für den Innsbrucker Horizontalkammerofen 200 cbm und für den Rixdorfer Kammerofen nur 185 cbm beträgt. B e n n i n g h o f f [7]) meint dagegen, daß die Kammeröfen bequem länger und größer gebaut werden können und dadurch auch die Produktion pro Quadratmeter Ofenfläche erhöht und mindestens jener der Vertikalöfen gleich gemacht werden können. Den gleichen Standpunkt vertritt K o p p e r s [8]). K o r d t [9]) meint dagegen, es sei nicht zulässig, beim Horizontalkammerofen über 8 m Länge hinauszugehen, weil die Stempel der Ausstoßmaschine zu lang würden und die ganze Maschinenkonstruktion zu schwer und zu teuer würde. Hierzu käme noch die Unsicherheit des Betriebes, und die Kammerwände dürften bei diesen Dimensionen auf die Dauer schwer dicht zu halten sein.

**Gleichmäßigkeit des Gases.** Die größten Bedenken sind bei der Beurteilung des Kammerofenbetriebes betreffs der Gleichmäßigkeit des Gases ausgesprochen worden. Manche haben angenommen, daß die ausschließliche Versorgung einer Stadt mit Kammerofengas die Anlage von zwei Behältern erfordere, so daß das bei Beginn der Destillation entstehende Gas getrennt von dem am Schlusse derselben gewonnenen Gase aufgespeichert werden könnte, um dann durch Abgabe eines entsprechenden Gasgemisches aus beiden Behältern stets eine gleichbleibende Qualität zu erzielen. Namentlich beim Wegfall des Nachtbetriebes hielt man eine derartige Maßregel für notwendig. In dieser Voraussetzung meinte K o r d t [10]), daß die Ersparnis der Nachtcharge zufolge der hohen Kosten der Gasbehälteranlage kein sehr

---

[1]) Welches Ofensystem ist für 20000 cbm Tagesproduktion zu empfehlen? Journ. f. Gasbel. 1910 S. 1061.

[2]) R a u c h , Der Münchener Kammerofen. Diskussion auf der Innsbrucker Versamml. Journ. f. Gasbel. 1910 S. 861. Zeitschr. d. österr. Gasber. 1910 S. 297.

[3]) Welches Ofensystem ist für 20 000 cbm Tagesproduktion zu empfehlen? Journ. f. Gasbel. 1910 S. 1061.

[4]) Diskussion auf der Versamml. in Innsbruck. Zeitschr. d. österr. Gasver. 1910 S. 278 und S. 323.

[5]) Journ. f. Gasbel. 1910 S. 1.

[6]) Übersicht über das Gasfach, Versamml. d. Märk. Ver. Berlin 1910. Journ. f. Gasbel. 1910 S. 816. — [7]) Ebendaselbst.

[8]) Journ. f. Gasbel. 1910 S. 966.

[9]) Übersicht über das Gasfach, Versamml. d. Berlin 1910. Journ. f. Gasbel. 1910 Märk. Ver. S. 816. — [10]) Ebendaselbsst.

lukratives Unternehmen sei. P e i s c h e r [1] [2] [3]) hat dagegen durch die ausschließliche Versorgung Innsbrucks durch Kammerofengas gezeigt, daß bei entsprechend vorsichtiger Führung des Betriebes weder die Anlage von zwei Behältern noch das Vorhandensein eines außergewöhnlich großen Behälters erforderlich ist. In Innsbruck ist man sogar gezwungen, ein besseres als normales Gas zu erzeugen, da dort zufolge der großen Höhenlage und des niederen Luftdruckes das Gas in sehr verdünntem Zustande abgegeben wird. Selbst bei 19 stündiger selbsttätiger Gasung haben sich keine größeren Schwankungen im Abgabegase gezeigt als 150 bis 200 Kal. Ebenso haben sich die Befürchtungen wegen der schwankenden Produktion als unrichtig erwiesen. Allerdings muß die Absaugung des Gases einer permanenten Kontrolle unterworfen werden. Es erscheint jedoch die 24 stündige Destillationsdauer als außerordentlich wohltuend für den Gaswerksbetrieb. Die Schwankungen im Heizwert des Produktionsgases gehen von 3500 bis 5700 Kal. ($15^0$ feucht). Zur Kontrolle der Saugwirkung ist an jedem Steigrohr ein Manometer angebracht und wird mittels eines Umgangsventils, das den direkten Gasabgang ohne Passierung der Tauchung gestattet, der Druck auf 0 bis 10 mm gehalten.

Nach B e n n i g h o f f s [4]) Bericht ist in Frankenthal der Versuch mit gutem Erfolge gemacht worden, durch drei Wochen hindurch die Sonntagsarbeit gänzlich entfallen zu lassen, ohne daß die Qualität des Gases zu sehr darunter gelitten hätte. Auch K r a u s e [5]) berichtet, daß die Qualität des Kammerofengases in Hamburg dem Vertikalofengase gleich sei. In München (Dachauerstraße) wurden nach R a u c h [6]) Schwankungen von 4600 bis 6000 Kal. erhalten, die dadurch beseitigt wurden, daß die Kammern in drei Etappen morgens, mittags und abends geladen wurden. In der Zeit von 7 Uhr abends bis 7 Uhr morgens fand dann keine Charge statt. Das spezifische Gewicht des Gases betrug hier 0,40 bis 0,46 und der $CO_2$-Gehalt 0,9 bis 4,8%. Der Stickstoffgehalt blieb unter 2%, woraus zu erkennen ist, daß kein Rauchgas mit angesogen wurde. P e i s c h e r [7]) erklärt auch, daß ein Wechsel des Gasbehälters infolge von Heizwertschwankungen nicht notwendig war. Ebenso berichtete R e i n h a r d t von der Leipziger Kammerofenanlage [8]), daß dort die Hälfte der Kammern in einer Schicht und die andere Hälfte in der zweiten Schicht chargiert wurden, so daß die gesamte Arbeit an den Öfen innerhalb 16 Stunden bequem erledigt wurde und eine gute Gasqualität erzielt werden konnte. Mit einer einzigen achtstündigen Schicht konnte man allerdings nicht das Auslangen finden. Auch R e i n h a r d t betont, daß der Exhaustorbetrieb bei der Kammerofenanlage große Aufmerksamkeit erfordere. H e i n r i c h [9]) erklärt es als ein günstiges Zeichen, wenn der Kammerofenbetrieb bei der Abgabe des Gases an Goldwarenfabriken keine Schwierigkeiten ergeben habe, denn diese stellen hohe Anforderungen an die Gleichmäßigkeit des Gases. K ä f e r [10]) bestätigt von der Frankenthaler Anlage, daß durch 24 stündige und 36 stündige abwechselnde Chargierung der Betrieb Sonntags ganz eingestellt, und daß die Produktion jedem Bedürfnis angepaßt werden konnte. Kleine

---

[1]) Erste städtische Gasversorgung mit ausschließl. Horizontalkammerofenbetrieb. Journ. f. Gasbel. 1910 S. 219.

[2]) P e i s c h e r. Zeitschr. d. österr. Gasver, 1910 S. 105.

[3]) Bericht über die Jahresversamml. d. österr. Ver. in Innsbruck. Diskussion. Journ. f. Gasbel. 1910 S. 841. Zeitschr. d. österr. Gasber. 1910 S. 252 u. 260.

[4]) Diskussion auf der Versamml. in Innsbruck. Zeitschr. d. österr. Gasver. 1910 S. 278 und S. 323.

[5]) Erweiterungen des Hamburger Gaswerkes. K r a u s e. Journ. f. Gasbel. 1910 S. 261.

[6]) R a u c h, Der Münchener Kammerofen. Diskussion auf der Innsbrucker Versamml. Journ. f. Gasbel. 1910 S. 861. Zeitschr. d. österr. Gasver. 1910 S. 297. — [7]) Ebendaselbst.

[8]) Fortschritte der Gasbeleuchtung. Journ. f. Gasbel. 1910 S. 1040.

[9]) Welches Ofensystem ist für 20 000 cbm Tagesproduktion zu empfehlen? Journ. f. Gasbel. 1910 S. 1061. — [10]) Ebendaselbst.

Gaswerke könnten mit Vorteil Kammeröfen bauen, wenn ein Ofen mit vier Kammern derart in zwei Teile geteilt wird, daß zwei Kammern abgestellt werden können.

**Dehnbarkeit des Betriebes und Nachtarbeit.** Um die nötige Dehnbarkeit des Betriebes auch in kleineren Anlagen zu erreichen, ist auch beim Vertikalofen eine Teilung durch eine Scheidewand in zwei getrennte Öfen von je sechs bzw. vier Retorten vorgenommen worden, worüber D e l l b r ü c k[1]) berichtete. K n o c h[2]) hebt hervor, daß sich bei den Kammeröfen durch Erhöhung der Temperatur eine Verkürzung der Destillationszeit und dadurch eine Erhöhung der Leistungsfähigkeit erreichen lasse. L a n g[3]) anerkennt, daß die 24 stündige Chargierung des Kammerofens ein Vorteil sei, und daß man in der Lage sei, den Ofen zu forcieren und die Füllung nach dem Stand der Beheizung und der Temperatur einzurichten. P e i s c h e r[4]) hat durch entsprechendes Abschiebern der Öfen sogar 48 stündige Chargen eingerichtet und dadurch gezeigt, daß die Dehnbarkeit des Betriebes bei den Kammeröfen eine ebenso große sei wie bei den Retortenöfen. Der Zug wird dabei von 10 auf 5 bis 3 mm vermindert[5]). Auch G ä ß l e r[6]) bestätigt, daß sich die Kammeröfen leicht auf 36- oder 48 stündige Chargen abschiebern lassen.

**Beschaffenheit der Nebenprodukte und Abtransport des Kokses.** Die großen Koksmengen, welche bei der Entleerung des Kammerofens auf einmal zu bewältigen sind, haben vielfach Bedenken erregt. In der Tat wird es erforderlich sein, entsprechende Maßnahmen zu treffen, um diese Koksmenge ohne Belästigung der Umgebung durch Wasserdampf bequem ablöschen und abtransportieren zu können. B l u m[7]) hebt mit Recht hervor, daß sich beim Vertikalofen die Abfuhr des Kokses wesentlich einfacher gestaltet. B u e b[8]) meint, daß sich der Abtransport des glühenden Kokses von den Kammeröfen nur mit Aufwendung einer großen kostspieligen Apparatur bewältigen lassen wird.

Der den Vertikalöfen und auch den Kammeröfen entfallende Koks ist bekanntlich härter als der aus gewöhnlichen Retorten gewonnene. M ö l l e r s[9]) bemerkt jedoch, daß sich eine Erhöhung der Preise für den Vertikalofenkoks bisher noch nicht hat erzielen lassen. K o p p e r s[10]) meint, daß es gerade kein besonderer Vorteil des Vertikalofens sei, daß der Koks über eine Höhe von 4 bis 6 m herunterfalle. P e i s c h e r[11]) bemerkt, daß der Kammerofenkoks ebenfalls härter und großstückiger ist als der Retortenkoks, daß er jedoch weniger hart als der Vertikalofenkoks ist.

Um ein bequemeres Entleeren der Vertikalöfen zu ermöglichen, hat W i l s o n[12]) den Boden der Vertikalretorte mit zwei Schiebetüren versehen, die ähnlich einem Notrost vorgeschoben werden, um den Koks entsprechend zurückzuhalten.

---

[1]) Übersicht über das Gasfach, Versamml. d. Märk. Ver. Berlin 1910. Journ. f. Gasbel. 1910 S. 816. — [2]) Ebendaselbst. — [3]) Ebendaselbst.

[4]) Erste städtische Gasversorgung mit ausschließl. Horizontalkammerofenbetrieb. Journ. f. Gasbel. 1910 S. 219.

[5]) Bericht über die Jahresversamml. d. österr. Ver. in Innsbruck. Diskussion. Journ. f. Gasbel. 1910 S. 841. Zeitschr. d. österr. Gasber. 1910 S. 252 u. 260.

[6]) Welches Ofensystem ist für 20 000 cbm Tagesproduktion zu empfehlen? Journ. f. Gasbel. 1910 S. 1061. — [7]) Ebendaselbst.

[8]) Übersicht über das Gasfach, Versamml. d. Märk. Ver. Berlin 1910. Journ. f. Gasbel. 1910 S. 816.

[9]) Das Wirtschaftsjahr 1909. Journ. f. Gasbel. 1910 S. 287.

[10]) Journ. of Gaslightg. 1910 S. 166. Journ. f. Gasbel. 1910 S. 725.

[11]) Bericht über die Jahresversamml. d. österr. Ver. in Innsbruck. Diskussion. Journ. f. Gasbel. 1910 S. 841. Zeitschr. d. österr. Gasber. 1910 S. 252 u. 260.

[12]) Journ. of Gaslightg. 1910 S. 166. Journ. f. Gasbel. 1910 S. 725.

**Entgasungstemperaturen.** Sowohl die Haltbarkeit des feuerfesten Materials als auch die Zersetzung der Kohlenwasserstoffe des Gases wird durch allzuhohe Temperaturen ungünstig beeinflußt. Es ist daher von Interesse, die in der Praxis angewendeten Temperaturen kennen zu lernen. Beim Kammerofen betragen sie nach R i e m a n n[1]) in Rixdorf 950 bis 1000⁰. B e n n i n g h o f f[2]) meint, daß die Temperaturen im Kammerofen jedenfalls viel geringer seien als im Vertikalofen. R e i n h a r d t[3]) gibt für die Leipziger Kammerofenanlage an:

| | |
|---|---:|
| Im Oxydkanal | 950⁰ C |
| » Sekundärluftkanal | 928⁰ C |
| » Ofeninnern rückwärts | 1256⁰ C |
| » » oben | 1337⁰ C |
| » » vorn | 1443⁰ C |
| In den Kammern | 1200⁰ C |

R a u c h[4]) gibt für die Münchener Kammeröfen an:

| | |
|---|---:|
| An den Brennern | 1282⁰ C |
| In den Kammern | 1068⁰ C |

G ä ß l e r[5]) fand beim Münchener Ofen:

| | |
|---|---:|
| In den unteren Heizkanälen | 1260⁰ C |
| In den Kammern | 1040⁰ C |

Über die Vorteile der **nassen Vergasung in Vertikalöfen** und über deren Verhältnis zur Wassergaserzeugung in besonderen Anlagen hat sich D e b r u c k[6]) mit Rücksicht auf die Düsseldorfer Verhältnisse in einem Vortrage ausführlich geäußert. Er kommt zu dem Resultat, daß speziell für die dortigen Verhältnisse die nasse Vergasung in der Vertikalretorte geringere Betriebskosten verursache. Dies liegt an einer viel zu geringen Ausnutzung der Wassergasanlage, worauf wir später unter dem Titel »Wassergas« zurückkommen werden. T e r h a e r s t[7]) hat in einer Entgegnung darauf hingewiesen, daß bei einem gleichmäßigen dauernden Zusatz von Wassergas aus einer besonderen Anlage günstigere Resultate erzielt werden als bei der Wassergaserzeugung in der Vertikalretorte. Auch diese Entgegnung werden wir unter »Wassergas« näher besprechen.

Der Patentanspruch des im vorigen Jahre beschriebenen B o l z schen Vertikalofens D. R. P. Nr. 212 846[8]) bezieht sich auf einen Gaserzeugungsofen mit senkrechten Retorten oder Kammern, dadurch gekennzeichnet, daß in der Ofenmittelachse ein von beiden Seiten aus gespeister Heizgaskanal angeordnet ist, aus dessen Düsen das Heizgas nach beiden Seiten in den Retortenraum strömt. Das R i e s sche Kammerofenpatent[9]) D. R. P. Nr. 211 303 schützt Ofenkammern, welche auf seitlich auskragenden Sohlensteinen ruhen, wobei die Scheidewand der voneinander getrennten Heizgas- und Luftkanäle unmittelbar unterhalb der Auskragung endigt, derart, daß die Verbrennungs-

---

[1]) Übersicht über das Gasfach, Versamml. d. Märk. Ver. Berlin 1910. Journ. f. Gasbel. 1910 S. 816. — [2]) Ebendaselbst.

[3]) Fortschritte der Gasbeleuchtung. Journ. f. Gasbel. 1910 S. 1040.

[4]) R a u c h, Der Münchener Kammerofen. Diskussion auf der Innsbrucker Versamml. Journ, f. Gasbel. 1910 S. 861. Zeitschr. d. österr. Gasver. 1910 S. 297.

[5]) Welches Ofensystem ist für 20 000 cbm Tagesproduktion zu empfehlen? Journ. f. Gasbel. 1910 S. 1061.

[6]) Journ. f. Gasbel. 1910 S. 409.

[7]) Journ. f. Gasbel. 1910 S. 979.

[8]) Journ. f. Gasbel. 1910 S. 503.

[9]) Journ. f. Gasbel. 1910 S. 212.

zone der Heizgase in dem von dem Sohlenstein seitlich begrenzten Raume unterhalb der Kammerwände liegt.

**Die kontinuierliche Vergasung** konnte sich in Deutschland bisher noch keinen Eingang verschaffen. Dagegen scheint sie in England nach wie vor günstige Resultate zu zeitigen. W o o d a l l und D u c k h a m , von denen der Gedanke ausgeht, hatten beabsichtigt[1]), erstens die kontinuierliche Koksabfuhr und das gleichmäßige Nachfüllen der Kohle durchzuführen, zweitens die Wärme des Kokses zur Dampferzeugung zu verwenden, drittens den oberen Retortenteil so stark als möglich zu erhitzen. Die ersten Versuche wurden 1903 ausgeführt. Doch gab der erste Ofen erst 1908 befriedigende Resultate. Der Koks sollte durch einen Wasserverschluß herausgezogen werden. Es entwickelten sich aber durch den ruckweise herabsinkenden Koks so große Dampfmengen, daß dadurch die Entgasung gestört wurde. In seiner jetzigen Form besteht der W o o d a l l - D u c k h a m - Ofen aus vier ovalen Retorten 0,61 · 0,25 m oben und 0,76 · 0,56 m unten im lichten und je 7,6 m lang. Die Tagesleistung eines Ofens mit vier Retorten beträgt 3600 cbm und reicht eine Antriebskraft von 1 HP hierfür aus. Jede Retorte vergast pro Tag 2,5 t Kohle. Die Kohle bleibt 6½ Stunden in der Retorte. An Koks werden stündlich ca. 80 kg abgezogen. Zum Löschen desselben werden 50 l Wasser pro Tonne benötigt. Der Ofen nimmt 16 qcm Bodenfläche ein. Die Gesamthöhe beträgt 14 m. Pro Tonne Kohle wurden in verschiedenen Öfen 368 bis 529 cbm Gas von 4560 bis 5100 Kal. Heizwert erzeugt. In Nine-Elms war der Ofen zwei Jahre in Betrieb und wurden 350 cbm pro Tonne mit 5300 Kal. erhalten. Das Koksausbringen betrug 71%. Die Unterfeuerung 14,5%. An Ammoniumsulfat wurden 1,24% der vergasten Kohle gewonnen. Der Naphthalingehalt des Gases war unbedeutend. Die Zusammensetzung des Gases ist die eines gewöhnlichen Steinkohlengases mit etwas erhöhtem Stickstoffgehalt, nämlich:

$$CO_2 \dots \dots \dots \dots \dots \dots \dots 2,22 \%$$
$$Cn\,Hm \dots \dots \dots \dots \dots \dots 2,88 \%$$
$$O_2 \dots \dots \dots \dots \dots \dots \dots 0,27 \%$$
$$CO \dots \dots \dots \dots \dots \dots \dots 7,41 \%$$
$$CH_4 \dots \dots \dots \dots \dots \dots \dots 35,05 \%$$
$$H_2 \dots \dots \dots \dots \dots \dots \dots 45,85 \%$$
$$N_2 \dots \dots \dots \dots \dots \dots \dots 6,32 \%$$

Daß dabei die Wassergasbildung keine nennenswerte ist, geht aus dem geringen CO-Gehalt des Gases hervor. Der Ofen weist die höchste Temperatur von ca. 1250⁰ am oberen Retortenende auf. Unten beträgt dieselbe nur 950⁰. Der Koks ist nicht so dicht wie gewöhnlicher Gaskoks, da er während der Bewegung der Schwellung folgen kann. Das Hektolitergewicht beträgt daher nur 40 kg gegenüber 55 kg beim gewöhnlichen Retortenkoks. Bei der kontinuierlichen Entgasung ist man jedoch von der Kohlensorte ziemlich unabhängig. Ob der dichtere oder der wenig dichte Koks den Vorzug verdient, hängt von dem Verwendungszweck ab. Der Betrieb der kontinuierlichen Öfen ist ein außerordentlich reinlicher und leicht zu regelnder; die Beschaffenheit von Gas und Koks sind Funktionen der Geschwindigkeit, mit welcher die Kohle zu und der Koks abgeführt wird. Die Bedienung erfordert keinerlei geschulte Arbeiter. Die Anlagekosten stellen sich nicht höher wie für einen gewöhnlichen Retortenofen. Die Unterhaltungskosten der mechanischen Einrichtungen werden sich erst aus einem längeren praktischen Betriebe ergeben. Im großen Maße wird der W o o d a l l - D u c k h a m - Ofen in Kensalgreen im nordwestlichen London bei der Gaslight & Coke

---

[1]) Journ. f. Gasbel. 1910 S. 1053. Nach einem Vortrage von Hultmann Technisk Tidskrift 1910 Heft 6.

Company ausgeführt. Eine zweite große Anlage wird in Burning in Nordengland ausgeführt. Erstere Anlage umfaßt zehn Öfen, letztere neun Öfen.

Über einen neuen Ofen zur kontinuierlichen Entgasung nach System Glover-West in St. Hellens wurde im Zeudhollandschen Klub von Gasdirekteuren[1]) berichtet. Es wurden 36,5 cbm Ausbeute bei einem Aschengehalt der Kohle von 3,24% und 71 kg Koksausbeute bei 12,3% Unterfeuerung (trockener Koks) erzielt. Wassergas wurde dabei nicht erzeugt. Der Heizwert betrug 5105 Kal., die Arbeitslöhne 14,8 Cts. pro 100 cbm. Über den gleichen Ofen berichtet C o l m a n[2]). Danach wurden aus Yorkshire Silkstone-Kohle 33,4 cbm Gas (o[0]) bei einem oberen Heizwert von 4500 Kal. und 16,2 HK Leuchtkraft im Carpenterbrenner erzielt. Die Unterfeuerung betrug 13,3% an trockenem Koks. Mit Wigan Arley Mine-Kohle wurden 32,7 cbm a 5310 Kal. bei 12,2% Unterfeuerung an trockenem Koks erzielt.

**Lade- und Ziehmaschinen.** Im letzten Bericht über die Fortschritte des Beleuchtungswesens im Jahre 1909[3]) wurde über zwei Artikel von G r o ß m a n n[4]) und M i c h e l[5]) berichtet, welche sich mit den Vorzügen und Nachteilen der F r a n c k e schen und E i t l e schen Retortenlademaschine beschäftigen. G r o ß m a n n hob die Vorzüge der großen Ladung von 200 kg bei 3,0 m Länge, Normalprofil I, das bequeme Ziehen des Kokses und die bequeme Bedienung der Maschine hervor. M i c h e l hatte dagegen eingewendet, daß die E i t l e sche Maschine noch leichter zu bedienen sei, daß sie sich besser der Retortenform anpasse, daß hingegen bei der F r a n c k e schen Maschine zufolge der Voreilung der einen Muldenhälfte und Einklemmen von Kohle zwischen den beiden Hälften, Kohle mit herausgerissen werde.

Daran knüpften sich zwei weitere Entgegnungen, welche bei der Zusammenstellung des vorigen Berichtes übersehen worden waren und daher hier nachgetragen seien:

G r o ß m a n n[6]) hob in einer Entgegnung auf den Artikel M i c h e l s hervor, daß die Arbeitsvorgänge in beiden Maschinen die gleichen seien und dazu die F r a n c k e sche Maschine zufolge der Anordnung staubdichter Kugellager eine Kraftersparnis erziele, ferner würden bei den neueren F r a n c k e schen Maschinen Gegengewichte eingebaut, welche die Bedienung noch weiter erleichtern. M i c h e l sucht dagegen in einer weiteren Entgegnung[7]) seine Behauptung, daß die E i t l e sche Maschine leichteres Arbeiten ermöglicht, damit zu begründen, daß ein F r a n c k e scher Apparat aus einem Gaswerk entfernt wurde, während die E i t l e sche Mulde die Feuerprobe vollständig bestanden habe. Die Anwendung von Kugellagern im Ofenhaus sei wegen des alles durchdringenden Staubes bedenklich und die Verwendung von Gegengewichten sei veraltet. Für die letztere Behauptung gibt allerdings M i c h e l keinen Beweis.

G r o ß m a n n hebt ferner in der genannten Erwiderung hervor, daß die Voreilung der einen Muldenhälfte nur mit einem ganz geringen Abstande erfolge und daher nur ganz geringe Mengen von Kohle durch den Spalt fallen können, die zu minimal sind, um irgendwelche Störungen zu verursachen. Tatsächlich finde auch kein Herausreißen der Kohle beim Zurückziehen der Lademulde statt. M i c h e l meint dagegen, daß bei der F r a n c k e schen Maschine die äußeren Muldenkanten, die sich nach der Drehung in der Mitte der Ladung

---

[1]) Journ. f. Gasbel. 1910 S. 878.

[2]) Journ. of Gaslightg. 1909 S. 42. Journ. f. Gasbel. 1910 S. 91.

[3]) Journ. f. Gasbel. 1909 S. 42 u. 43.

[4]) Journ. f. Gasbel. 1909 S. 44.

[5]) Journ. f. Gasbel. 1909 S. 267.

[6]) Journ. f. Gasbel. 1909 S. 501.

[7]) Journ. f. Gasbel. 1909 S. 501.

befinden, stets durch die Kohle hindurch müssen, was nachteilig sei. Bei der E i t l e schen Mulde bewegen sich die Muldenhälften mit ihren inneren Kanten nach oben und zwar gleichzeitig, und er erblickt einen Vorteil darin, daß dadurch ein Klemmen der Kohle ausgeschlossen ist.

Betreffs des Graphitansatzes bemerkt G r o ß m a n n , daß sich die E i t l e sche Mulde leichter festsetzen müsse, da sie sich mit voller Fläche in den Graphit setze, während sich bei der F r a n c k e schen Mulde nur eine Kante festsetzen könne. Er hebt ferner hervor, daß eine aus 10 mm starken Blechen gefertigte Mulde sich nicht verziehen könne, da sie nur sehr wenig warm werde, wogegen ein dünneres Blech mit Verstärkungseisen dem Verziehen weniger Widerstand leisten müsse. M i c h e l tritt dem entgegen. Die E i t l e sche Mulde, deren Muldenbleche durch Trageisen versteift sind, beweise ihre richtige und sachgemäße Konstruktion durch eine sechs Jahre lange Haltbarkeit. Er meint auch im Gegensatz zu G r o ß m a n n , daß die Versteifungseisen niemals ein Herausziehen der Kohle verursachen, da sie über dem Material schweben.

Die Vorteile und Nachteile der beiden Konstruktionen dürften allerdings durch derartige theoretische Erörterungen kaum mit Sicherheit festgestellt werden können und der praktische Dauerbetrieb wird zeigen, in welchen Fällen die eine und in welchen Fällen die andere Maschine zweckmäßig anzuwenden ist.

Nach dem Berichte K r a u s e s [1] haben sich die mit Schleudermaschinen arbeitenden Lademaschinen bei 4 m langen Horizontalretorten bewährt, indem die Gasausbeute gegenüber Handarbeit von 300 bis 310 auf 320 bis 330 cbm gestiegen ist. Dagegen arbeiteten sie bei Retorten von 6 m Länge nicht wirtschaftlich, weil beim Beschicken das hintere Mundstück geöffnet sein mußte, wodurch viel Kohlenstaub und Kleinkohle verloren ging. Hier ist die Ausbeute von 325 auf 280 cbm zurückgegangen.

**Koks und Kokstransport.** In einem Kokereilaboratorium[2] wurde das Wasseraufnahmevermögen von Koks in der Weise festgestellt, daß kalter Koks von Naturgröße tariert und in kochendes Wasser $\frac{1}{2}$ Stunde lang eingetaucht wurde. Er nahm dabei maximal 17% Wasser auf. J o h a n n s e n fand durch Untertauchen von frisch gedrücktem glühenden Koks in Wasser das Aufnahmevermögen des Kokses an Wasser mit 28 bis 35%. Von dem Kokereilaboratorium wurde dagegen festgestellt, daß auch das Ersaufen des glühenden Kokses in Wasser den Verhältnissen der Praxis nicht entspricht und wurden dort neue Versuche in Aussicht gestellt. S t r o h m e i e r stellte ebenfalls Versuche über Koksporosität und Trockengewicht des Kokses an. Er gab in ein tariertes Gefäß frisch gedrückten glühenden Koks und erhielt ein Koksgewicht von 384 kg auf den cbm. Er löschte dann den Koks und füllte solange Wasser nach bis alle Poren des Kokses gefüllt waren. Dies ergab das Volum der Zwischenräume zwischen den Koksstücken zu 54,9%. Der ersoffene Koks zeigte 34% Wasseraufnahme. Im Koksvolumen von 341 l blieben 150 l Wasser. Danach beträgt der Anteil des Porenvolums im Koksvolum 44%. Das spezifische Gewicht der Koksstücke ergab sich zu 0,85 und das spezifische Gewicht der Kokssubstanz selbst zu 1,52. Rotglühender Koks vermag im kalten Wasser 3 bis 4 mal soviel Wasser aufzunehmen, als wenn man ihn im kalten Zustande unter heißem Wasser ersäuft.

Das I l l i g sche Verfahren des Kokstransportes wurde unter anderem auch im Stuttgarter Gaswerk eingeführt, worüber G ö h r u m [3] berichtete. Seit 1909 ist dort an 22 Stück Neuner-Horizontalöfen mit 6 m langen Retorten und mit d e B r o u w e r scher Lade- und

---

[1] Journ. f. Gasbel. 1910 S. 261.

[2] Stahl und Eisen 1909 S. 28. Journ. f. Gasbel. 1910 S. 1031.

[3] Journ. f. Gasbel. 1910 S. 793. Zeitschr. d. österr. Gasver. 1910 S. 457.

Stoßmaschine die I l l i g sche Vorrichtung in Benutzung. Sie wurde von den Vereinigten Schamottefabriken in Marktredwitz aufgestellt. I l l i g [1]) polemisiert gegen den Artikel S t o r l s [2]), über Elektrohängebahnen für den Kohlen- und Kokstransport. Er gibt zu, daß der Verschleiß beim Transport mittels Rinnen ein außerordentlich hoher sei, daß der Koks dabei nicht genügend geschont werde, und daß er naß oder in noch brennendem Zustande abgeführt werde. Er gibt aber nicht zu, daß über Elektrohängebahnen in so kurzer und absprechender Weise hinweggegangen wird. F e i l i t z s c h hat eine Abhandlung über eine derartige Anlage im Gaswerk Braunschweig veröffentlicht, welche nach dem I l l i g schen Verfahren gebaut ist. Er verweist auf die Schonung des Kokses bei dem I l l i g schen Verfahren. Bei dem von S t o r l angegebenen Schiffsbetriebe wird dagegen der Koks auf dem harten Schiffsboden zertrümmert und später nochmals auf ein Sieb geworfen. Bei seinem Verfahren hingegen wird der Koks nach der Ablöschung mit einer Temperatur von ca. 80⁰ aus dem Wasserkübel gehoben und alles überschüssige Wasser verdampft dann, so daß der Koks tadellos trocken auf den Lagerplatz gelangt.

M u h e [3]) hat für die Errichtung einer neuen Koksförderanlage folgende Bedingungen aufgestellt:

1. Selbsttätiger kontinuierlicher Betrieb,
2. Schonung des Kokses,
3. Minimum an Kraftbedarf.

Diese Bedingungen wurden durch die Anlage eines Aufzuges auf einer schiefen Ebene erfüllt, welcher das Material in großen Mengen aufzunehmen vermag. Zu beiden Seiten des Förderwagens sind zwei endlose Ketten angeordnet, an welchen derselbe mittels eines gelenkartigen Gehänges angeschlossen ist. Die Umführungsrollen dieser endlosen Ketten sind fliegend angeordnet, so daß das Gehänge über die Rollen hinwegzuwandern vermag. Der Förderwagen läuft daher dauernd auf seiner Bahn auf und ab, ohne daß eine Umsteuerung erforderlich ist. Ein zweiter Förderwagen läuft an derselben Kette in entgegengesetzter Richtung, so daß er den ersten entlastet. In der Mitte des Aufzuges geht dieser zweite Wagen unterhalb des ersten hindurch. Beide Wagen haben verschiedene Spurweite und getrennte Geleise, die jedoch an der Füllstelle und Entleerungsstelle auf die gleiche Höhe gebracht sind. Füllung und Entleerung erfolgt selbsttätig. Die Wagen sind doppelwandig ausgeführt, wodurch die äußere Wand vor der Einwirkung der Hitze geschützt ist. Die Leistung beträgt 50 cbm Koks in der Stunde und erfordert 10 HP. Die Geschwindigkeit der Wagen beträgt 0,4 m pro Sekunde.

**Kühler, Teerscheider, Naphthalin- und Zyanwäsche.** Es ist die Frage aufgetreten[4]), ob nicht bei den Luftkühlern durch einen größeren Abstand der beiden Mäntel voneinander bessere Ergebnisse erreicht werden könnten. Dadurch würde erreicht, daß sich das Gas eine bestimmte Zeit lang im Kühler aufhält. Es kommt ja nicht nur darauf an, das Gas genügend abzukühlen, sondern auch bei der Abkühlung den Teer in Tropfenform abzuscheiden. Dazu ist eine gewisse Zeit erforderlich und soll daher der Zwischenraum zwischen den beiden Kühlflächen nicht weniger als 200 mm betragen. Ebenso ist es aus diesem Grunde zweckmäßig, das Gas von oben nach abwärts zu leiten, damit nicht der warme Gasstrom infolge seines Auftriebes den direkten Weg vom Eingang zum Ausgang einschlägt und so den Kondensaten keine Zeit zum Absetzen gewährt.

---

[1]) Journ. f. Gasbel. 1910 S. 266.
[2]) Journ. f. Gasbel. 1910 Nr. 52.
[3]) Journ. f. Gasbel. 1910 S. 713.
[4]) Journ. f. Gasbel. 1910 S. 384.

K. B u n t e [1]) hebt in seinen Bemerkungen betreffs Betriebskontrolle von Gaswerken hervor, daß die Prüfung der Kondensation von Wichtigkeit sei. Die Kühlung des Gases beginnt schon beim Passieren der Steigrohre. Die Temperatur im Sattelrohr soll weniger als 100° betragen. Ansätze in den Steigrohren sind einesteils schlechte Wärmeleiter und verringern anderseits den Querschnitt. Dadurch erhält das Gas eine größere Geschwindigkeit und gelangt heißer in die Vorlage, nimmt dort Wasserdampf auf und die Folge ist, daß sich hier auch Leichtöle und Naphthalin verflüchtigen. Dickteer in der Vorlage und Naphthalinstörungen sind die Folge. Der Inhalt der Vorlage soll eine Temperatur von 60 bis 65° nicht überschreiten. Im weiteren Verlauf soll das Gas nicht plötzlich gekühlt werden, damit die Ausscheidung des Naphthalins und des Teeröls zu gleicher Zeit erfolge. Mischt man zwei Gasströme von ungleicher Temperatur, so scheidet sich das Naphthalin staubförmig aus. Nun haben aber pulverförmige Körper die Eigenschaft, nicht so leicht von Waschmitteln aufgenommen zu werden. Es kann daher nur derjenige Teil des Naphthalins von der Waschflüssigkeit entfernt werden, der in Dampfform vorhanden ist, d. i. bei 40° C 191,0 g Naphthalin pro 100 cbm Gas, bei 10° aber nur 32,3 g. Aus diesem Grunde erscheint die Angabe, daß der Naphthalinwäscher warm arbeiten soll, berechtigt. O t t [2]) vertritt dagegen den Standpunkt, daß nur gut gekühltes Gas gewaschen werden soll. Er begründet dies damit, daß das warme Gas mehr Naphthalin in den Wäscher bringe als kaltes, und zwar betragen nach H. B u n t e die Dampfdrucke und Naphthalingehalte:

| Temperatur<br>° C | Dampfdruck mm<br>Quecksilber | Gramm Naphtalin<br>in 100 cbm Gas |
|---|---|---|
| 0 | 0,022 | 13,7 |
| 10 | 0,047 | 32,3 |
| 20 | 0,080 | 56,3 |
| 30 | 0,135 | 90,4 |
| 40 | 0,32 | 191,0 |

Nach O t t ist das größere Lösungsvermögen des Anthrazenöls in warmem Zustande nicht so maßgeblich wie die größere Tension des Naphthalindampfes bei höherer Temperatur. In Zürich passierten den Naphthalinwäscher von einem Umpumpen zum anderen 190 000 cbm Gas von 35°. Nachdem die Temperatur des Rohgases auf 20° herabgesetzt wurde konnten dagegen 400 000 cbm Gas durch dieselbe Ölmenge bewältigt werden. Die Herabsetzung der Kühltemperatur hatte außerdem die angenehme Wirkung, daß der Zyanschlamm bedeutend verstärkt wurde, weil der Schlamm wegen der höheren Menge aufgenommenen Ammoniaks stärker alkalisch wurde. E l e r y [3]) prüfte mehrere der im Handel befindlichen Lösungsmittel für Naphthalin und fand dasselbe beim Kreosotöl zu 3,1%, Gasöl 5,8%, Teeröl 9,74%, Ölgasteer 23,5%, Benzol 24,9%. Ölgasteer eignet sich demnach ganz besonders zur Auflösung des Naphthalins. Dementsprechend hat man auch überall, wo karburiertes Wassergas dem Steinkohlengas beigemischt wird, ein Verschwinden der Naphthalinansätze im Rohrnetz bemerkt. G i l l [4]) empfiehlt, das Naphthalin durch Wassergasteer zu entfernen, indem derselbe zur Berieselung eines Skrubbers verwendet wird. Auf diese Weise konnte der Naphthalingehalt des Gases auf $\frac{1}{3}$ herabgesetzt werden, so daß das Gas nur mehr 0,6 bis 1,65 g in 100 cbm enthielt. Vor der Naphthalinwäsche ist das Gas jedoch durch ausreichende Kondensation vom Ammoniakwasser zu befreien.

---

[1]) Journ. f. Gasbel. 1910 S. 1105.

[2]) Journ. f. Gasbel. 1910 S. 784.

[3]) Zeitschr. d. österr. Gasver. 1910 S. 583. Journ. of Gaslightg. 1910 15. März. Journ. f. Gasbel. 1910 S. 1055.

[4]) Journ. of Gaslightg. 1910 S. 109. Journ. f. Gasbel. 1910 S. 1097.

Um die Teernebel aus dem Gase auszuscheiden, empfahl H i l g e n s t o c k [1]) die Waschung des Gases mit Teer, welcher in Form eines fein verteilten Strahles eingespritzt wird. Der Teer soll jedoch dabei nicht wärmer als $80^0$ sein. Es zeigte sich dann ein Teergehalt von nur 10 g in 100 cbm Gas.

**Reinigung.** Die Reinigung des Gases von Schwefelwasserstoff scheint endlich auch auf neue Grundlagen gestellt werden zu sollen. Es sind vornehmlich zwei gänzlich neuartige Verfahren, welche die Hoffnung rechtfertigen, daß die enormen Grundflächen, welche die Reinigeranlagen nach den bisherigen Verfahren benötigen, nicht mehr notwendig sein werden.

Das Verfahren von F e l d [2]) beabsichtigt eine vollständige Aufhebung der Trockenreinigung. Er strebt die Umsetzung des $H_2S$ mit $SO_2$ zu Wasser und Schwefel an, wobei die $SO_2$ durch Verbrennung aus dem Schwefel gewonnen werden kann. Diese Umsetzung würde nach der Formel:

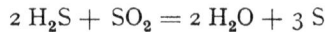

$$2\,H_2S + SO_2 = 2\,H_2O + 3\,S$$

erfolgen.

Da jedoch diese Reaktion zu langsam verlaufen würde, fügt F e l d einige Zwischenreaktionen ein und verwendet als Reaktionsüberträger Zink oder Eisensalze[3]). Löst man z. B. Zinkoxyd mit schwefliger Säure zu Zinksulfit und wäscht damit das Gas, so bildet der $H_2S$ aus letzterem Schwefelzink (Zn S). Setzt man der den Wäscher verlassenden Flüssigkeit wieder $SO_2$ in Gasform zu, so geht Zn S in Lösung unter Bildung von Zinkthiosulfat ($ZnS_2O_3$). Dieses wird dann neuerdings zur Waschung verwendet, wobei $H_2S$ neuerliche Zn S fällt und die frei gemachte Thioschwefelsäure sich mit neuen Mengen $H_2S$ zu Schwefel und Wasser umsetzt. Diese Vorgänge sind ausgedrückt durch die Formeln:

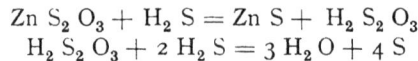

$$Zn\,S_2O_3 + H_2S = Zn\,S + H_2S_2O_3$$
$$H_2S_2O_3 + 2\,H_2S = 3\,H_2O + 4\,S$$

Zur Regeneration wird das Zn S durch neuerliche $SO_2$ wieder als Thiosulfat gelöst und sobald die Flüssigkeit ca. 15% Schwefel enthält, wird der letztere durch Filterpressen entfernt und, soweit als nötig, zu $SO_2$ verbrannt. Dieses Verfahren ist im Gaswerk East-Hull angewendet.

F e l d ließ sich jedoch auch ein kombiniertes Verfahren zur gleichzeitigen Auswaschung von Schwefelwasserstoff und Ammoniak patentieren. Bei diesem wird das Rohgas durch Eisenvitriollösung gewaschen. Hierbei bildet sich zufolge des Ammoniak- und Schwefelwasserstoffgehaltes des Gases Schwefeleisen nach der Gleichung

$$2\,Fe\,SO_4 + 4\,NH_3 + 2\,H_2S = 2\,Fe\,S + 2\,(NH_4)_2\,SO_4.$$

Die Flüssigkeit wird durch Einleiten von schwefliger Säure und Luft regeneriert, dann wieder zur Gaswaschung verwendet usw. Die Regeneration erfolgt nach der Gleichung

$$2\,Fe\,S + 3\,SO_2 = 2\,Fe\,S_2O_3 + S.$$

Bei der folgenden Gaswaschung entsteht Ammoniumthiosulfat:

$$2\,Fe\,S_2O_3 + 4\,NH_3 + 2\,H_2S = 2\,Fe\,S + 2\,(NH_4)_2\,S_2O_3$$

und die Oxydation bildet Ammoniumsulfat:

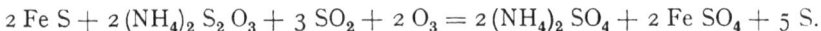

$$2\,Fe\,S + 2\,(NH_4)_2\,S_2O_3 + 3\,SO_2 + 2\,O_3 = 2\,(NH_4)_2\,SO_4 + 2\,Fe\,SO_4 + 5\,S.$$

---

[1]) Die direkte Gewinnung des Ammoniaks aus Koksofengas. Stahl und Eisen 1909 S. 1644. Zeitschr. d. österr. Ing.- u. Architektenver. 22. Jahrg. S. 28. Zeitschr. d. österr. Gasver. 1910 S. 100.
[2]) S t a v o r i n u s. Journ. f. Gasbel. 1910 S. 705.
[3]) Journ. of Gaslightg. 1910 S. 729. Journ. f. Gasbel. 1910 S. 787.

Wenn der Gehalt an Ammonsalz auf 30 bis 45% gestiegen und durch Einleiten von erhitzter Luft oxydiert ist, wird der Schwefel abgepreßt, das Eisen als Fe S gefällt, durch eine Filterpresse abgeschieden und die Ammonsalzlösung eingedampft. Der Preßkuchen von Schwefeleisen geht wieder in den Betrieb zurück. In East-Hull fand man, daß auf je 100 Teile Ammoniak 135 Teile Schwefelwasserstoffe entfernt wurden. Die gleichzeitige Auswaschung von Ammoniak und Schwefelwasserstoff nach diesem Verfahren dürfte jedoch kompliziert sein.

Hurdelbrink[1]) berichtete ebenfalls über die Anwendung des Feldschen Verfahrens in Königsberg. Das Verfahren ist von Haaren durchgearbeitet worden. Man verwendet dort Eisenvitriol. Das Gas wird hinter dem Pelouze so lange gewaschen, bis alles Eisen als FeS gefällt ist. Die gewonnene Lauge wird mit $SO_2$ behandelt, der hierzu nötige Schwefel soll später aus dem Verfahren gewonnen werden. Es entsteht Eisentetrathionat nach der Formel:

$$Fe\,S + 3\,SO_2 = Fe\,S_4\,O_6.$$

Dieses zerfällt in Eisenvitriol, schweflige Säure und Schwefel:

$$Fe\,S_4\,O_6 = FeSO_4 + 2\,S + SO_2.$$

Die Regeneration der Lauge konnte jedoch noch nicht im Großbetriebe durchgeführt werden. Die Waschung hingegen wurde mit 1300 cbm Gas stündlich durchgeführt. Beim Kochen der Lauge wurden die Polythionate in Sulfate verwandelt, und es wurde stets ein Salz mit 25% $NH_3$-Gehalt erzielt. In einer Kokerei der Belgischen Solvaywerke in Monceau sollte das Verfahren auf Grund der von Haaren ausgeführten Vorarbeiten durchgeführt werden. Der Betrieb wurde aber dort durch Abscheidung von $FeS_2$ in einer sehr inaktiven Form, welche in Säure unlöslich ist, gestört. Es kann jedoch an Stelle von Eisenvitriol auch Zinkvitriol verwendet werden, doch ist die geringere Löslichkeit des Zinkammoniumsulfat-Doppelsalzes weniger zweckmäßig. Hurdelbrink glaubt, daß durch das Feldsche Verfahren eine Verbesserung der Rentabilität zu erwarten sei, weil die Schwefelsäure des Ammoniumsulfates im Betriebe selbst aus den Schwefelgehalt der Kohle erzeugt wird. Das Verfahren ermöglicht jedoch nach Hurdelbrinks Ansicht keine vollständige Entfernung des $H_2S$, sondern nur eine Entlastung der trockenen Schwefelreinigung. Außerdem sind die Wäscher mit Eisensalzlösung leistungsfähiger als beim Betrieb mit Wasser, ferner sollen die Anlagekosten geringer sein als die einer entsprechenden Erweiterung der Reinigeranlage.

Bei der dem Vortrage Hurdelbrinks folgenden Diskussion erwähnte K. Bunte, daß bei Verwendung eines Bueb - Wäschers mit Zinklösung ein Ammoniakgehalt von 30% erzielt wurde. Burckheiser bemängelte an dem Verfahren, daß die Sulfatlösung zweifellos auch Sulfite enthalte, welche beim Eindampfen dissoziieren und Ammoniakverluste bringen. Hurdelbrink erwiderte hingegen, daß weder Sulfite noch Thiosalze in den Endlaugen enthalten seien. Schilling meinte, daß die Kontrolle des Verfahrens eine zu komplizierte sei.

Das Verfahren der Reinigung des Gases nach Burckheiser beruht auf der Anwendung von Reinigungsmasse, jedoch wird dieselbe in Reinigern von weitaus geringerem Querschnitt, d. h. bei einer hohen Geschwindigkeit des Gasstromes verwendet, indem die Reaktionsgeschwindigkeit einesteils dadurch erhöht wird, daß die Masse durch Ausglühen porös gemacht ist und andernteils die Reinigung bei höherer Temperatur erfolgt. Das gebildete Schwefeleisen wird dann durch Verbrennen zu Schwefeldioxyd oxydiert und

---

[1]) Journ. f. Gasbel. 1910 S. 956. Siehe auch Wolffram, Journ. f. Gasbel. 1910 S. 614. Zeitschr. d. österr. Gasver. 1910 S. 523.

die entstehende schweflige Säure zur Absorption des Ammoniaks aus dem Gase verwendet[1]). K r a u s e[2]) berichtete über die Anwendung des B u r c k h e i s e r schen Verfahrens im Gaswerk in Hamburg. Die Vorteile des Verfahrens sind die Einfachheit und die eminente Platzersparnis. Die Geschwindigkeit des Gasstromes in den Reinigern beträgt in Hamburg 200 mm und wurde in einem einzigen Reiniger die völlige Entfernung des

Fig. 14.

Schwefelwasserstoffs erzielt. Das Verfahren scheint daher eine große Umwälzung auf dem Gebiete der Gasreinigung hervorrufen zu sollen.

Eine Verringerung der Grundflächen der Reinigeranlagen würde sich auch dann erzielen lassen, wenn es möglich wäre, die Reinigungsmasse nicht nur in ausgedehnten horizontalen Flächen zu verwenden, sondern den Rauminhalt eines höher aufgebauten Hohl-

---

[1]) B e r t e l s m a n n. Neues Verfahren zur Reinigung des Leuchtgases. Chem. Zeitg. 1910 S. 986. Zeitschr. d. österr. Gasver. 1910 S. 510; D.R.P. Nr. 217 315. Journ. f. Gasbel. 1910 S. 708 und D.R.P. 215 907. Journ. f. Gasbel. 1910 S. 607.

[2]) Journ. f. Gasbel. 1910 S. 261.

raumes zur Unterbringung der Reinigungsmasse zu verwenden. Es muß jedoch dafür gesorgt werden, daß die Druckverluste in einem derartigen Reiniger nicht zu hohe werden und ist dementsprechend die Führung des Gasstromes und die Lagerung der Masse einzurichten. Derartige Hochreiniger für trockene Gasreinigung hat S c h m i e d t[1]) in Aschaffenburg ausgeführt. Die Änderungen, welche bisher an den Kastenreinigern angebracht wurden, zielen schon darauf ab, in die Kästen möglichst viel Reinigungsmasse einzubringen und eine lockere Schichtung zu erzielen, endlich durch Stromteilung den Druckverlust zu vermindern. Schon M e r z hat hervorgehoben, daß die Flachreiniger mit ihren Wasserver-

Fig. 15.

schlüssen den wundesten Punkt des Gaswerksbetriebes darstellen. Außerdem ist auch der Arbeitsaufwand zur Bedienung derselben ein hoher. Die S c h m i e d t schen Hochreiniger sind durch Fig. 14, 15 und 16 dargestellt, welche eine Ansicht, den Raum unter den Reinigern zur Entleerung derselben und die innere Einrichtung zeigen. Der Gaseintritt erfolgt durch Jalousien an der Flachseite des Reinigers und der Gasaustritt durch ähnliche Vorrichtungen an der anderen Seite. Bei den in Aschaffenburg ausgeführten Versuchen nahm der erste der drei hintereinander angeordneten Reiniger 99,4% des zugeführten Schwefelwasserstoffes auf, der zweite reinigte das Gas bereits vollkommen, der Druckverlust in jedem Reiniger beträgt 60 bis 80 mm, im ersten 100 mm. Durch eine Teilung des Gasstromes und Zuführung desselben von der Mitte aus ist eine Herabsetzung dieses verhältnismäßig hohen Druckverlustes beabsichtigt. Bei vorsichtigem Entleeren des Reinigers konnte man an der Schwärzung der Masse das Vordringen des Schwefelwasserstoffes beobachten.

---

[1]) Journ. f. Gasbel. 1910 S. 31.

4*

Es zeigte sich, daß die Masse oben und unten stets gleich weit angegriffen war, und ebenso zeigte sich deutlich der auflockernde Einfluß der aufgehängten Stützbretter. Bei einem Luftzusatz von 1,3 Volum-% reinigte 1 cbm Masse bei drei Versuchen 11 450, 16 800 und 13 050 cbm Gas. Nach Abschalten des Reinigers zeigte sich die Masse stark zusammengebacken, so daß sie durch Stangen gelockert werden mußte. Vier Arbeiter besorgten die Entleerung eines Reinigers in zwei Stunden 40 Minuten. Der Arbeitsaufwand beträgt pro 1 cbm Masse 28 Arbeiterminuten. Die Vorbereitung für Neufüllung eines Reinigers dauert 15 Minuten und die Füllung 17 Arbeiterminuten pro 1 cbm Masse. Der ganze Wechsel eines Reinigers nahm vier Stunden zehn Minuten in Anspruch. Der Arbeitsaufwand bei Hochreinigeranlagen ist daher erheblich geringer als bei Flachreinigern, ebenso ist der Platzbedarf bei ersteren geringer. Die Kosten stellen sich nicht wesentlich höher als bei Flachreinigern. Für die Reinigung von 50 000 cbm pro Tag in vier Kästen mit zusammen 200 cbm Masse ist der Raumbedarf bei Flachreinigern an Grundriß des Hauses 200 qm, bei Hochreinigern dagegen nur 164 qm. Dementsprechend stellen sich die Baukosten eines Flachreinigerhauses auf M. 81 000, die eines Hochreinigerhauses hingegen nur auf M. 36 900. — Außer der Verringerung an Arbeitslöhnen und dem Wegfall der Wasserverschlüsse ist auch noch der Vorzug hervorzuheben, daß die Krane zum Heben der Reinigerdeckel entfallen. Fig. 17 zeigt eine Anlage für 15 000 cbm Tagesleistung.

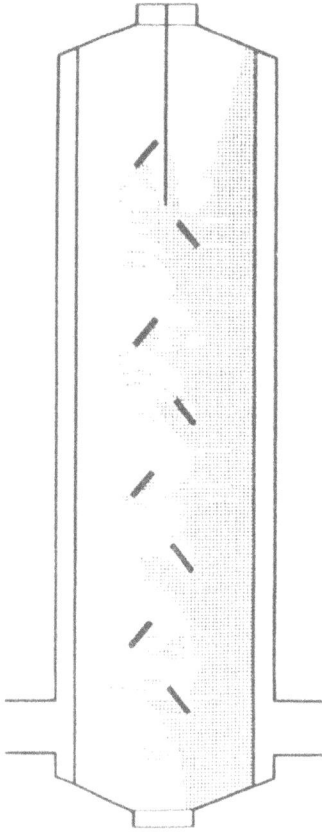

Eine wichtige Neuerung im Betriebe von Reinigeranlagen hat auch Allner[1]) angegeben. Würde man bei gewöhnlicher Reinigerschaltung den Luftzusatz so hoch wählen, daß die Regeneration der Masse vollständig durchgeführt würde, so würde die Masse im ersten Reiniger sehr bald trocken werden und einen zu hohen Druckverlust bewirken. Allner verweist daher auf die Vorteile des im Gaswerke in Christiania angewendeten Verfahrens. Dort werden die Reiniger regelmäßig je nach der Produktion alle 24 oder 48 Stunden umgeschaltet. Bei Anwendung von vier Reinigern dienen die ersten beiden zur Aufnahme des Schwefel-

Fig. 16.

wasserstoffs unter gleichzeitiger teilweiser Regeneration durch die zugeführte Luft, während sich in den letzten beiden Kasten wesentlich nur der Regenerationsprozeß vollzieht. Die Geschwindigkeit der Schwefelaufnahme durch die Masse ist größer als die Reaktionsgeschwindigkeit des Regenerationsvorganges. Der anfänglich zuerst geschaltete Kasten, welcher die Hauptmängel des Schwefels entfernt hatte und beim Umschalten an letzte Stelle kommt, nimmt nun im wesentlichen den Sauerstoff aus dem Gase auf. Die Prüfung des Gases erfolgt stets hinter dem zweiten Reiniger. Ist das Gas unrein, so muß der Reiniger mit der längsten Betriebszeit ausgeschaltet und umgepackt werden. Der mit neuer Masse wieder beschickte Reiniger rückt dann an vierter Stelle wieder in das System

---

[1]) Journ. f. Gasbel. 1910 S. 733.

53

Gasanstalt Aschaffenburg

Hochreiniger-Anlage.

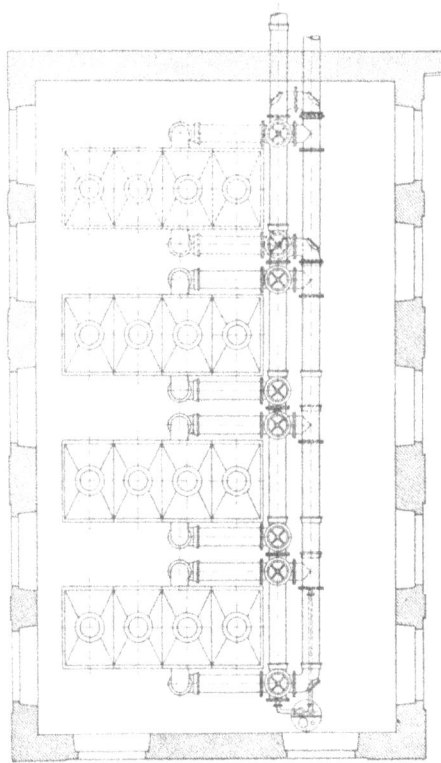

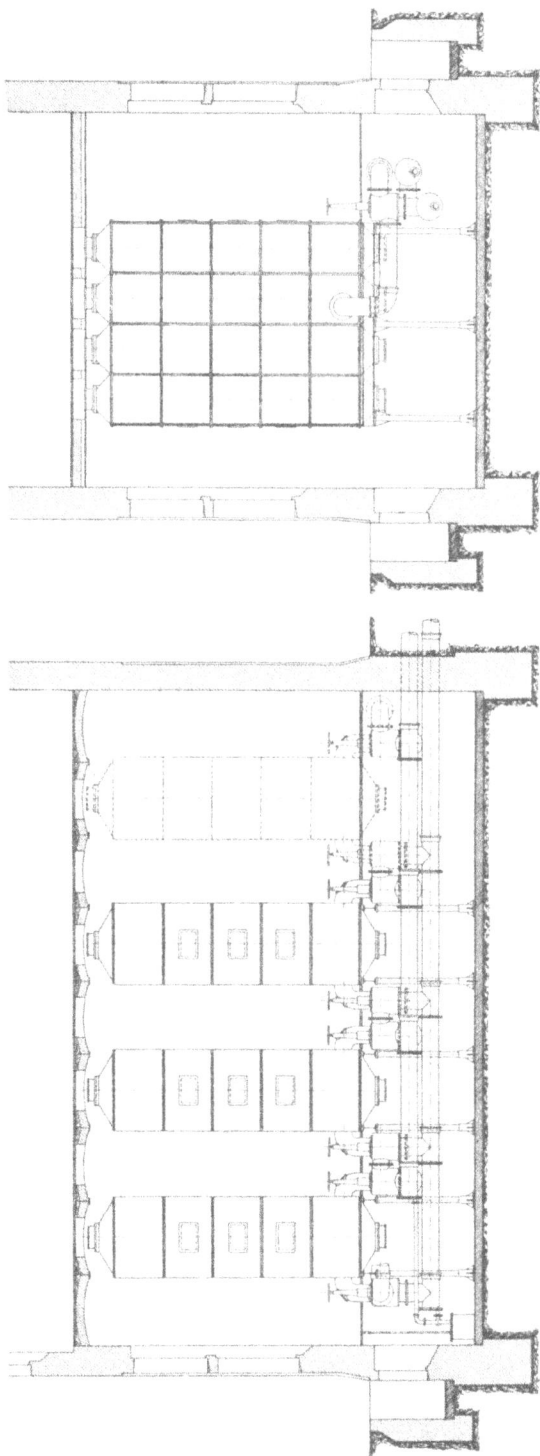

Fig. 17.

ein. Die kleine Menge von Schwefelwasserstoff, welche der letzte Reiniger beim Umschalten noch enthält, wird durch einen Nachreiniger vollkommen entfernt. Die Masse soll beim Eintragen ca. 30% Wasser enthalten, das Anfeuchten soll 24 Stunden vor dem Eintragen erfolgen und es soll das Wasser von der Masse vollständig aufgesaugt sein. Durch diese Reinigerschaltung bleiben die einzelnen Masseteilchen in steter Reaktion und backen nicht so leicht zusammen. Es ist zweckmäßig, den Luftzusatz zum Rohgase bereits vor dem Ammoniakwäscher zu bewirken. Die Luft sättigt sich dann gleich mit Wasserdampf. Zweckmäßig ist es auch, den Inhalt der Reinigerkasten bei der Regeneration nach Schichten zu trennen. Man kann dann die bereits stark schwefeldurchsetzten Schichten entfernen. Der Hauptvorteil dieses Verfahrens des ständigen Umschaltens der Reinigerkasten liegt jedenfalls darin, daß die Masse, welche in dem einen Kasten austrocknet, stets den nächstfolgenden durch den abgegebenen Wasserdampf wieder anfeuchtet, so daß auch bei theoretischem Luftzusatz kein Austrocknen und Zusammenbacken stattfindet, daher bleibt die Masse dann viel längere Zeit brauchbar.

Reinhart[1]) gibt Anleitungen über die Behandlung der Reinigertassen und Reinigerdeckel. Letztere sollen an der Außenseite mit einem zweimaligen Teerfarbenanstrich und einem möglichst starken Anstrich aus heißem Paraffin versehen sein. Der Innenanstrich soll ein zweimaliger Teeranstrich ohne Paraffin sein. Das Tassenwasser ist alle vier Wochen gelegentlich des Reinigerwechsels zu erneuern, dadurch wird ein Anrosten der Reinigerdeckel vermieden. Verletzungen des Paraffinanstriches sind durch Überstreichen mit Paraffin zu beseitigen. Die Erneuerung des ganzen Paraffinanstriches soll alle 2 bis 3 Jahre erfolgen. Die Kosten sind unbedeutend.

Zur Bemessung des richtigen Luftzusatzes zum Gase vor der Reinigung sind zweckmäßig die Rotamesser[2]) zu verwenden.

**Entfernung des Schwefelkohlenstoffes.** Nach wie vor wird von vielen Seiten darauf hingewiesen, daß es für die Anwendbarkeit des Gases von großer Wichtigkeit wäre, auch die so geringen Mengen von Schwefel zu entfernen, die nach der Schwefelwasserstoffreinigung noch in Form von Schwefelkohlenstoff oder anderen organischen Schwefelverbindungen im Gase enthalten sind. Oft werden zwar Schäden den Verbrennungsprodukten des Gases zugeschoben, die andere Ursachen haben, so wurde z. B. im Scientific American Supplement vom 1. Mai 1909[3]) nachgewiesen, daß die Zerstörung von Ledereinbänden in einer Bibliothek auf einen Gehalt des Leders an Schwefel zurückzuführen sei, demgegenüber die Schwefelsäuremengen, die durch die Gasbeleuchtung erzeugt werden, vollkommen vernachlässigt werden müssen. Trotzdem aber bleibt die Frage der vollständigen Entfernung aller Schwefelverbindungen für die Gasindustrie außerordentlich wichtig. Hall[4]) hat in Portland Versuche angestellt, nach den von Vernon-Harcourt vor 50 Jahren gemachten Vorschlägen, das Gas nach der Reinigung in Backsteinöfen auf 700 bis 900⁰ zu erhitzen, den Schwefelkohlenstoff neuerdings in Schwefelwasserstoff überzuführen und als solchen wieder mit Eisenhydroxyd zu entfernen. Browditsch[5]) leitete das Gas bei 215⁰ über Kalk, andere empfehlen die Verwendung von glühendem Eisen im Retortenkopf. Funk hat gefunden, daß bei Verwendung von Eisenoxyd schon Temperaturen von 150⁰ ausreichen, um den Schwefelkohlenstoff zu zersetzen. Die Geschwindigkeit dürfte jedoch

---

[1]) Journ. f. Gasbel. 1910 S. 712.

[2]) Journ. f. Gasbel. 1910 S. 645.

[3]) Journ. des usines à gaz 1909 S. 326. Journ. f. Gasbel. 1910 S. 20.

[4]) Davidson, Society of Chem. Industrie, Journ. of Gaslightg. 1910 S. 99. Journ. f. Gasbel. 1910 S. 295.

[5]) Funk. Journ. f. Gasbel. 1910 S. 868.

dabei 15 mm pro Sekunde nicht übersteigen. Es bleiben auch dann noch 20 g Schwefel in 100 cbm Gas. M a y e r und F e h l m a n n[1]) haben das P i p p i g - T r a c h m a n n - sche Verfahren abgeändert, indem sie bei der Einwirkung von Anilin auf das schwefelwasserstoffhaltige Gas die Reaktionsgeschwindigkeit durch Zusatz von Superoxyden oder durch Eisenoxydhydrat beschleunigten. Sie haben mit 100 g Anilin, dem 30 kg Eisenoxydhydrat zugesetzt wurden, 5000 cbm Gas bis auf 20 g Schwefel pro 100 cbm gereinigt und sobald die Wirkung nachließ, durch einen weiteren Zusatz von Eisenoxydhydrat die normale Reaktion wieder eingeleitet. Das Reaktionsgemisch verwandelte sich dabei allmählich in eine feste Masse, bestehend aus Thiokarbanilid. Dieses wird durch Erhitzen mit Eisenoxydhydrat wieder in Anilin gespalten. Das Verfahren scheint jedoch wegen der Verwendung von Anilin zu teuer. F u n k hat nachgewiesen[2]), daß die schwarze Feuchtigkeit, welche sich am oberen Teile des Zylinders eines Jetphotometers ansammelt, aus konzentrierter Schwefelsäure besteht, welche die darauffallenden Substanzen verkohlt. Auch setzt sich an den, den Verbrennungsgasen ausgesetzten Metallteilen von Beleuchtungskörpern schwefelsaures Kupfer ab, was namentlich bei Invertlicht in Betracht kommt und auch zu Verstopfungen der Düsen führt. F u n k empfiehlt die Waschung mit dünnflüssigem Steinkohlenteer. In England besteht bekanntlich die Vorschrift des Jahres 1860[3]), wonach in 100 cbm Gas nicht mehr als 45,7 g Schwefel enthalten sein dürfen. Vom hygienischen Standpunkt haben diese geringen Mengen schwefliger Säure zwar keinerlei Bedeutung, doch verringern sie, wie oben erörtert, die Verwendbarkeit des Gases.

In England verwendet man die Kalkreinigung. Das Gas wird dort erst von Kohlensäure befreit, $H_2S$ wird von gelöschtem Kalk unter Bildung von Kalziumhydrosulfid aufgenommen und der Rest durch Eisenreiniger entfernt. Das Sulfid läßt man an der Luft liegen, wobei es sich in ein Polysulfid umsetzt. Dieses wird zur Absorption des Schwefelkohlenstoffs hinter die Eisenreiniger geschaltet. Zum Schluß wird dann nochmals ein Eisenreiniger eingefügt. Die Absorption des Schwefelkohlenstoffes entspricht der Formel:

$$CaS + CS_2 = CaCS_3.$$

Dieses Verfahren läßt die Reinigung bis auf 15 g S in 100 cbm zu. H u n t setzt Luft zu, wodurch aus Kalziumsulfhydrat ein Kalziumoxydsulfhydrat ($CaO \cdot OH \cdot SH$) gebildet wird, welches die Fähigkeit haben soll, $CS_2$ leichter aufzunehmen. D o u g a n hat festgestellt, daß das Leuchtgas ohne jegliche Luftbeimengung die Sulfidreiniger passieren soll und erst zur Wiederbelebung Luft angewendet werden soll. H o o d und S a l a m o n haben gefunden, daß CaS bei höherer Temperatur von ca. 25⁰ den $CS_2$ viel rascher absorbiert. Alle Verfahren jedoch, welche bei höherer Temperatur den Schwefelkohlenstoff durch Metalle oder Oxyde, eventuell unter Beimischung von Wasserdampf zu zersetzen suchen, leiden an der geringen Reaktionsgeschwindigkeit. L u g o und L e e s wollten das Gas durch Beimischung von 1 bis 2% Luft bei 250⁰ von $CS_2$ befreien. Beim Verfahren von C o o p e r wird den Kohlen ca. 10% Ätzkalk zugesetzt, wodurch bei der Destillation ein Teil des Schwefels als CaS im Koks zurückgehalten wird. Dadurch leidet allerdings die Qualität des Kokses und auch des Gases, ebenso geht auch die Teerausbeute zurück, während die $NH_3$-Ausbeute gesteigert wird. C l a u s und H i l l setzen dem teerfreien Rohgas Ammoniak zu, wodurch Sulfid entsteht, welches einen Teil des $CS_2$ bindet. Auch dieses Verfahren ist nicht in den Großbetrieb eingeführt worden. Die Z u c k e r r a f f i n e r i e in R o s s i t z suchte das Gas mit einem Öl zu waschen, das durch Destillation der Melasseschlempe gewonnen wird. J o u n g wollte die Waschung mit Schieferölen vornehmen. Sicher ist jedenfalls, daß Öle

[1]) Journ. f. Gasbel. 1910 S. 523. Zeitschr. d. österr. Gasver. 1910 S. 295.
[2]) Journ. f. Gasbel. 1910 S. 868.
[3]) Journ. f. Gasbel. 1910 S. 523. Zeitschr. d. österr. Gasver. 1910 S. 295.

verschiedener Art Schwefelkohlenstoff zu absorbieren vermögen. W i t z e c k und F r a n k änderten das Verfahren von P i p p i g und T r a c h m a n n dadurch, daß sie das Anilin in hochsiedenden Teerbasen lösten und Schwefel zusetzten. Es ist nicht unwahrscheinlich, daß diese Erfolge auf eine Absorption des Schwefelkohlenstoffs durch Teerbasen zurückzuführen sind. v. B r a u n hat gefunden, daß die Reaktion mit Anilin rascher verläuft, wenn dem Gemisch Wasserstoffsuperoxyd zugesetzt wird. Dies ist jedoch zu teuer. M a y e r und F e h l m a n n[1]) beschleunigen die Umsetzung des Anilins mit Schwefelkohlenstoff zu Thioharnstoffen durch Zusatz von Metalloxyden oder Superoxyden; bei Anwendung von Quecksilberoxyd ist die Reaktion außerordentlich energisch. Die Wirkung beruht auf der sofortigen Absorption des gebildeten Schwefelwasserstoffs. Sie haben bei Zimmertemperatur außerordentlich günstige Reinigungserfolge erzielt. So entfernten z. B. Anilin bei Zusatz von:

| | | | |
|---|---|---|---|
| Raseneisenerz bei | Zimmertemperatur | 80,2% | des $CS_2$ |
| » » | 40° C | 62,3% | » » |
| Bleioxyd » | Zimmertemperatur | 89,8% | » » |
| Mennige » | » | 95,9% | » » |
| Bleisuperoxyd » | » | 88,5% | » » |
| » » | 40° C | 89,5% | » » |

Man erzielt also durchaus günstigere Resultate als nach dem gewöhnlichen P i p p i g - T r a c h m a n n schen Verfahren. Noch günstigere Resultate wurden bei Anwendung von Xylidin anstatt Anilin erzielt, da hierbei eine größere Gasgeschwindigkeit angewendet werden konnte. Bei einer Berührungsdauer von 12,9 Sekunden wurde ein Reinigungserfolg von 70% und bei 73,1 Sekunden 85,8% erzielt.

Durch Erhitzen des Thiokarbanilides mit Eisenoxydhydrat wird Anilin regeneriert, wobei sich Eisensulfid, Kohlensäure und Schwefel bilden. Auf diese Weise konnten durch Regeneration 70 bis 80% des Anilins wiedergewonnen werden. Verluste an Anilin sind also nicht zu vermeiden, auch wegen der Verdunstung desselben im Gasstrom. Letzteres könnte jedoch durch verdünnte Schwefelsäure wieder gewonnen werden. Nach den Angaben der Verfasser würde der Anilinverlust bei Reinigung von 20 000 cbm Gas ca. 30 kg betragen. Danach wäre das Verfahren nicht zu teuer.

R o ß und R a c e[2]) erläutern die Einwirkung des Schwefelkohlenstoffs auf Kalk. Zunächst wird aus $H_2S$ in Gegenwart von $H_2O$ die Verbindung gebildet: $Ca(SH)_2 \cdot 6H_2O$ und wenn mehr Wasser zugegen ist: $Ca(SH)(OH)$. Leitet man dagegen $H_2S$ über erwärmtes $Ca(OH)_2$, so bildet sich $CaS$, welches sich mit Wasser zu der vorher genannten Verbindung zersetzt. Schwefel reagiert mit dem Kalziumsulfhydrat $Ca(SH)(OH)$ unter Bildung von Polysulfiden, die sich in Gegenwart von Sauerstoff zu Thiosulfaten umsetzen. $CaS$ ist auf Schwefelkohlenstoff ohne Einwirkung, dagegen reagiert das genannte Sulfhydrat nach folgender Gleichung:

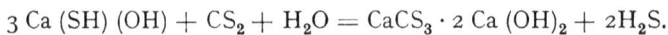

$$3 Ca(SH)(OH) + CS_2 + H_2O = CaCS_3 \cdot 2 Ca(OH)_2 + 2H_2S.$$

Die Anwesenheit von Kohlensäure ist schädlich, weil sie das Sulfhydrat zerstört.

Zur Bestimmung von Schwefel in Reinigungsmassen hat E l l i o t[3]) einen neuen Apparat angegeben. Eine Glasflasche ist mit zwei Drähten versehen, von denen einer bis auf den Boden reicht. Er trägt eine Verbrennungsschale. Der andere kürzere ist mit einem Eisendraht verbunden, der durch einen elektrischen Strom geschmolzen werden kann. In

---

[1]) Journ. f. Gasbel. 1910 S. 523 u. 553 u. 557. Zeitschr. d. österr. Gasver. 1910 S. 295.

[2]) Journ. f. Gasbel. 1910 S. 878.

[3]) Journ. f. Gasbel. 1910 S. 800.

die Verbrennungsschale legt man ein Stück trockene Watte, welche durch einen baum-
wollenen Docht mit dem Eisendraht verbunden wird. Auf die Watte streut man ein Gemisch von 1 g trockener Reinigungsmasse mit 1 g einer Mischung von Kaliumchlorat und
-Nitrat (3:1). Der Boden der Flasche wird mit destilliertem Wasser bedeckt und die Luft
wird durch Sauerstoff verdrängt. Dann erfolgt die Entzündung. In die Lösung wird nachher
Natriumsuperoxyd eingeführt und mittels Chlorbarium die Schwefelsäure gefällt.

**Nebenprodukte, Ammoniak, Teerverwertung.** Welch hohe volkswirtschaftliche Bedeutung die Nebenprodukte der Gasindustrie haben, selbst wenn man von dem wichtigsten
Nebenprodukt, dem Koks, absieht, zeigt eine Zusammenstellung von D a v i d s o n[1]). Danach betrug der Wert der Nebenprodukte in Großbritannien:

An Ammoniumsulfat . . . . . . . . . . . . . . . . . . . . 36 Mill. M.
An Kohlengasteer und Wassergasteer . . . . . . . . . . . 18 » »
An Schwefel in ausgebrauchter Masse . . . . . . . . . . 2 » »
An Ferrozyankalium. . . . . . . . . . . . . . . . . . . 1,8 » »
An Graphit. . . . . . . . . . . . . . . . . . . . . . . 0,15 » »

An Stelle der üblichen Teer- und Ammoniakgruben empfiehlt P e i s c h e r[2]) die
Aufsammlung in freistehenden Behältern. Die Vorteile sind: absolute Dichtheit, Zugänglichkeit der Behälter, die Möglichkeit, verspätet ausgeschiedenen Teer dem Ammoniakwasser-
behälter zu entnehmen und ebenso das Ammoniakwasser, welches sich im Teerbehälter
nachträglich aufsammelt, abzuleiten. Der Teer kann dann direkt wasserfrei in Fässer ab-
geleert werden, dazu sind solche freistehende Behälter nicht teurer als die Grubenanlagen.
Derartige Behälter sind im Gaswerk in Innsbruck ausgeführt.

Die sowohl wissenschaftlich wie technisch hochwichtige Synthese des Ammoniaks
aus seinen Elementen: Stickstoff und Wasserstoff, welche von H a b e r[3]) ausgeführt wurde,
hat die Frage aufgeworfen, ob die künstliche Darstellung des Ammoniaks Einfluß auf den
Preis des Ammoniakwassers haben würde. K. B u n t e[4]) kam durch eine Kalkulation zu
dem Resultat, daß vorläufig eine Schädigung des Absatzes an Ammoniakwasser seitens
der Gaswerke nicht zu befürchten sei. Das Verfahren H a b e r s beruht darauf, daß Stickstoff und Wasserstoff unter einem Druck von 200 Atm. der Einwirkung eines Katalysators
ausgesetzt wird. Als katalytisch wirkende Substanz hat H a b e r zunächst fein verteiltes
Osmium verwendet, mit welchem bei Temperaturen von 550⁰ 8 Volum-% Ammoniak gewonnen wurden. Den Kraftbedarf für die Kompression und Zirkulation gibt H a b e r gering
an. Der Bedarf an Wärme und Kälte sei von untergeordneter Bedeutung.

Die Verarbeitung des rohen Ammoniakwassers hat sich in B e t l a r auch für kleine
Werke als finanziell vorteilhaft erwiesen[5]). Sehr aussichtsreich und umwälzend auf dem
Gebiete der Ammoniakauswaschung und -Verarbeitung ist die direkte Herstellung des Ammoniumsulfates durch Waschen des Gases mittels Schwefelsäure. Diese wurde zuerst in
der Koksofenindustrie eingeführt, ist jedoch auf die Gaswerke übertragbar. Das Gas muß
vor dem Einleiten in Schwefelsäure vollständig von Teer befreit werden, da die Verunreinigung
im Teer das Ammoniumsulfat unverkäuflich machen würde. C o o p e r[6]) filtriert zu diesem
Zwecke das Gas durch ein Filter, welches mit Koks, Sacktuch und Holzspänen angefüllt ist.

---

[1]) Journ. Soc. Chem. Ind. 1909 S. 1283. Journ. f. Gasbel. 1910 S. 1173.
[2]) Journ. f. Gasbel. 1910 S. 119. Zeitschr. d. österr. Gasver. 1910 S. 105.
[3]) Journ. f. Gasbel. 1910 S. 367. Zeitschr. d. österr. Gasver. 1910 S. 235.
[4]) Chem. Zeitg. 1910 S. 346. Zeitschr. d. österr. Gasver. 1910 S. 486.
[5]) S c h ü t t e, Journ. f. Gasbel. 1910 S. 1088.
[6]) Journ. of Gaslightg. 1910 S. 496. Journ. f. Gasbel. 1910 S. 706.

Das Gas wird diesem Filter unter hohem Druck zugeführt und expandiert plötzlich, wobei sich der Teernebel niederschlägt. H i l g e n s t o c k[1]) empfiehlt die Waschung des Gases vermittelst eines Teerstrahlgebläses, wobei der Teer auf nicht mehr als 80⁰ erwärmt sein soll. Dadurch wird der Teergehalt auf 10 g pro 100 cbm herabgesetzt. Danach wird das heiße Gas mit seinem gesamten Gehalt an Wasserdampf und Ammoniak dem geschlossenen Sättigungskasten, in welchem sich die Schwefelsäure befindet, zugeführt. K o p p e r s hingegen[2]) scheidet zunächst das fixe Ammoniak (Chlorammonium usw.) durch Kühlung aus und erwärmt das Gas im Gegenstrom wieder an dem heißen Gase, so daß es mit 50⁰ C in das Säurebad eintritt. Diese Erwärmung ist erforderlich, um die Verdünnung des Säurebades durch ausgeschiedenes Wasser zu verhindern. Das abgeschiedene fixe Ammoniak wird durch Zusatz von Kalk zerlegt und das entstehende freie Ammoniak wieder dem Gasstrom zugeführt. Nach dem von Otto verbesserten B r u n k schen Verfahren gelangt das Gas mit 80⁰ C in das Säurebad. Da hierbei jedoch eine Abscheidung des fixen Ammoniaks mit dem Ammoniakwasser stattfindet, so wird das Ammoniumchlorid durch die Schwefelsäure in Ammonsulfat und freie Salzsäure zerlegt. Die Salzsäure muß entsprechend abgeleitet werden, da sie die Gefäße angreift. K o p p e r s' Verfahren benötigt dagegen für die Abscheidung des fixen Ammoniaks einen besonderen Abtreibapparat. Auf der Kokereianlage »Bahnschlacht« ist das Ammoniakausbringen durch das neue Verfahren um 0,061% gestiegen, was M. 25 000 jährlich ausmacht. Dazu kommen noch die Betriebsersparnisse an Wasserdampf. Das Arbeiterpersonal konnte um 50% verringert werden. Da bei Gasanstalten das Gas zum Zwecke der Naphthalinausscheidung langsam gekühlt werden muß, so dürfte hier das K o p p e r s sche Verfahren zweckmäßig sein. Die qualitative Beschaffenheit des Gases leidet durch das Schwefelsäurebad von 32 bis 33⁰ Bé nicht. Die Verfahren der direkten Ammoniakgewinnung haben den Vorzug, daß die Ammoniakwäsche mit ihrem großen Wasserverbrauch und beim Verfahren von H i l g e n s t o c k auch die Abtreibeapparate mit ihrem Dampf- und Kalkverbrauch entfallen und die Menge der Abwässer um die Hälfte verringert wird. Ebenso entfällt das Fortschaffen des Schlammes.

C o o p e r[1]) hat auch über die Möglichkeit berichtet, das Ammoniak durch Einleiten von schwefliger Säure in das Rohgas abzuscheiden. Die schweflige Säure wird durch die Verbrennung des Schwefels der ausgebrauchten Reinigermasse gewonnen. Die schweflige Säure wird hinter dem Skrubber dem Kohlengas zugemischt und durch Ammoniakwasser geleitet. Dieses Verfahren ähnelt dem B u r k h e i s e r schen, über das im Kapitel »Reinigung« berichtet wurde. Eine andere von C o o p e r angegebene Methode besteht darin, das Ammoniak durch einen Kohlengasstrom aus der wässerigen Lösung auszutreiben und dann durch Schwefelsäure zu leiten. Es wird dabei die Heizung erspart. Das abgetriebene Ammoniakwasser, welches noch Reste desselben enthält, wird dann wieder dem Wasser zugeführt.

Über den Zusammenhang zwischen Beschaffenheit und Verkaufspreisen des Teers berichtete M ö l l e r s[2]). Die Ansprüche der Käufer beziehen sich auf Wasser- und Pechgehalt des Teers, auf Kohlenstoffgehalt und Koksrückstände, auf den Gehalt an Leicht-, Mittel-, Schwer- und Anthrazenölen, auf Dünnflüssigkeit und spezifisches Gewicht. Die T e e r v e r k a u f s v e r e i n i g u n g i n B o c h u m berücksichtigt hingegen nur den

---

[1]) Zeitschr. d. österr. Ing.- u. Architektenver. 62. Jahrg. S. 28. Stahl und Eisen 1909 S. 2644. Zeitschr. d. österr. Gasver. 1910 S. 100.
[2]) Zeitschr. d. österr. Gasver. 1910 S. 108.
[3]) Journ. of Gaslightg. 1910 S. 722. Journ. f. Gasbel.. S1910 706.
[4]) Vortrag mittelrhein. Ver., Konstanz 1909. Journ. f. Gasbel. 1910 S. 130.

Wassergehalt. Danach wird der 5% übersteigende Wassergehalt an den berechneten Teer-
mengen gekürzt.

Über das alte Problem der Teervergasung äußerte sich neuerdings K. B u n t e [1]).
Er versuchte, Teer mit Koksgrus zu vergasen und verwandte einen Teil Teer mit zwei Teilen

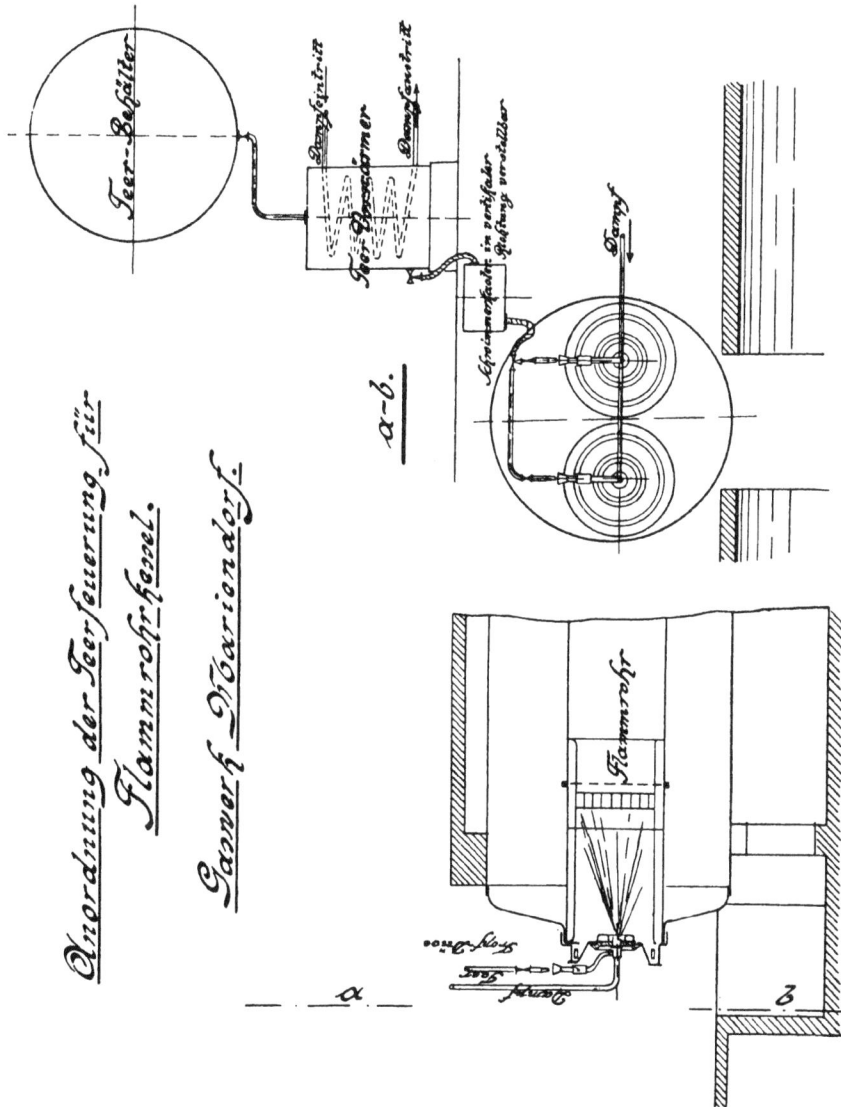

Fig. 18.

Grus, die Temperatur betrug 1050⁰ · 100 kg Teer gaben dabei 30 cbm Gas, jedoch keine
Nebenprodukte. Der Heizwert des Gases betrug 4500 Kal. und es wurden daher nur 15%
des Gesamtheizwertes in Gasform gewonnen. Das Gewicht des Kokses nahm pro 100 kg
Teer um 62,7 kg zu, der Koksgrus war jedoch durch den aus dem Teer ausgeschiedenen

---

[1]) Journ. f. Gasbel. 1910 S. 777. Zeitschr. d. österr. Gasver. 1910 S. 527.

Kohlenstoff nur ganz locker verkittet. Die Teerdestillate waren schmierig und verstopften die Betriebsleitung. Sie betrugen 24% des angewendeten Teers.

P o h m e r [1]) verwies auf die von A l l n e r durchgeführte Teer-Dampfkesselheizung. Im Gaswerk Mariendorf sind zwei Kessel mit Teerbrennern versehen. Der Teer läuft durch einen mit Dampf geheizten Vorwärmer und wird in den Brennern mit Dampf zerstäubt und in den mit Schamotte versehenen Flammenröhren verbrannt. (Fig. 18.) Die Anlage-kosten betrugen pro Kessel M. 2000. Ein mit Teer geheizter Kessel erzeugt die gleiche Dampf-menge wie zwei solche, die mit Koks und Koksstaub geheizt werden. Pro 1 qm Heizfläche wurden 30 kg Dampf gewonnen. 75% der Löhne für die Kesselbedienung wurden gespart. Selbst bei einem Preise von M. 2,50 für 100 kg Teer ist diese Kesselheizung vorteilhaft. C o l o m b o [2]) beheizte mit gutem Erfolg in Turin vier Retortenöfen mit Teer. Er gibt das Verhältnis der Heizwerte vom Koks zu Teer wie 7300 : 10 700 an. Auch E c h i n a r d [3]) empfahl die Retortenheizung mit Teer. Der Teer soll auf 50 bis 60⁰ vorgewärmt sein. Der-selbe wird oberhalb des Bodens des Vorratsgefäßes entnommen, um grobe Verunreinigungen nicht in die Leitung gelangen zu lassen. Die Einführung des Teeres in den Ofen geschieht mittels eines Dampfstrahlzerstäubers. Die verbrauchte Dampfmenge betrug 1 kg auf 1 kg Teer. Besser als Dampf soll sich Druckluft bewähren. Der Verbrennungsraum muß breit und hoch sein, um lokale Überhitzungen zu vermeiden. Zur Entgasung von 100 kg Kohle wurden 11,7 kg Teer verbraucht.

R a s c h i g [4]) berichtete über die Verwendung des Steinkohlengasteeres zur Teerung der Straßen. Sie hat sich im Süden bewährt, blieb jedoch in unserem Klima erfolglos, weil zur Trocknung mindestens acht heiße Tage erforderlich sind. R a s c h i g empfiehlt die Anwendung eines Gemisches von Teer und Ton, »Kitton« genannt, wodurch der Teer in Wasser emulgierbar wird und wodurch auch die Teerung feuchter Flächen ermöglicht werden soll.

Zur Untersuchung des Teeres, speziell des Wassergasteeres, auf seinen Wasser-gehalt hat U h l i g [5]) einen neuen Apparat angegeben. Dieser besteht aus einem schräg stehenden schmiedeeisernen Rohr von 30 cm Länge und 3 cm Durchmesser, welches mit einem Kühler verbunden ist. Das Rohr wird zuerst an dem Ende erhitzt, wo die Teerschichte am dünnsten ist. Durch diesen Apparat wird das Stoßen vermieden, das bei der sonstigen Teerdestillation eintritt.

**Gasbehälter.** Durch die Einführung des Wölbbassins durch die Vereinigte Maschinen-fabrik Augsburg-Nürnberg ist es möglich geworden, für die Gasbehälterbassins Blechstärken zu wählen, welche kaum ein Fünftel der sonst für große Behälter nötigen Blechstärken be-tragen. Neuerdings ist für die städtischen Gaswerke der Gemeinde Wien in Leopoldau ein 250 000 cbm fassender Gasbehälter mit Wölbbassin durch die genannte Firma errichtet worden. Das Bassin hat einen Durchmesser von 84,4 m und eine Höhe von 11 m, trotzdem beträgt die Blechstärke nur 7 mm. Die Glocke ist fünfhübig, jeder Hub ist 5 m hoch[6]).

Die Errichtung derartig großer Gasbehälter darf jetzt nicht als gefährlicher betrachtet werden als ehedem, trotzdem die Katastrophe auf dem Gaswerk Gasbrook-Hamburg den dortigen großen Behälter zerstört hat. Dies war durch besondere Verhältnisse bedingt, die anderwärts nicht zutreffen[7]) . Auch dort ist der Behälter nicht explodiert, sondern ausge-

[1]) Journ. f. Gasbel. 1910 S. 241. Zeitschr. d. österr. Gasver. 1910 S. 167.

[2]) Journ. des usines à gaz 1909 S. 326. Journ. f. Gasbel. 1910 S. 20.

[3]) Journ. de l'éclairage au gaz 1909 S. 253. Journ. f. Gasbel. 1910 S. 46.

[4]) Zeitschr. d. österr. Gasver. 1910 S. 319.

[5]) Journ. of Gaslightg. 1910 S. 874. Journ. f. Gasbel. 1910 S. 726.

[6]) Zeitschrift d. österr. Gasver. 1910 S. 229.

[7]) Journ. f. Gasbel. 1910 S. 6.

brannt. Da man dort den Raum sehr sparsam ausnutzen mußte, war die Forderung gestellt, daß eine normalspurige Eisenbahn unter dem Behälterbecken hindurch geführt werden mußte. Der übrige Raum unter dem Bassin wurde dann als Lagerstätte benutzt. Dieser Raum hatte eine Höhe von 18 m und darüber befand sich der Flachboden des Bassins. Durch ein Nachgeben der Konstruktionsteile des Bassinbodens strömte Gas und Wasser in den Raum unter den Behälter, entzündete sich dort und verursachte die gänzliche Zerstörung desselben. Die Ursache der Katastrophe wird im Berichte für das nächste Jahr erläutert werden. S t e l l - k e n s [1]) äußerte, daß Prof. H ä s e l e r in Braunschweig vor der Anwendung einer solchen statisch unsicheren Konstruktion gewarnt habe. Üblich ist es, daß beim Ausblasen eines so großen Gasbehälters in einem Umkreise von 20 m, in der Windrichtung sogar 50 m weit kein offenes Feuer brenne. Nun befand sich aber unterhalb dieses Gasbehälters eine Kantine, in der vermutlich Licht gebrannt haben dürfte. A l b r e c h t hält es auch nicht für ratsam, einen so großen Gasbehälter in der Nähe einer Ofenanlage aufzustellen. S t o l t e n betonte, daß die Katastrophe nur durch einen Konstruktions- oder Materialfehler herbeigeführt sein könne[2]).

L i c h t [3]) hat die Vorsichtsmaßregeln zusammengestellt, welche bei Inbetriebsetzung eines Gasbehälters erforderlich sind. Zunächst soll ein solcher wiederholt mit Luft aufgeblasen werden, damit man sich vom guten Gang der Rollen überzeuge und die vollkommene Dichtheit der Tassen erprobe. Ist eine Dampfleitung zur Erwärmung des Tassenwassers vorhanden, so ist darauf zu achten, daß nicht durch Kondensation des Dampfes in derselben ein Abhebern des Wassers stattfinde. Auch kommt es vor, daß Werkzeuge o. dgl. seitens der Arbeiter in den Tassen liegen gelassen werden, die zu Betriebsstörungen führen können. Die Ein- und Ausgangsrohre des Behälters sollen bis kurz vor dem Ausblasen mit Wasser gefüllt bleiben. Das Abblaserohr ist auf dem höchsten Punkte der Glocke anzubringen und nach innen bis fast zur Wasserfläche zu verlängern. Die während des Ausblasens am Behälter beschäftigten Personen sollen Gummischuhe tragen, damit ein Funkenreißen vermieden wird. Alle Flammen in der Umgebung des Behälters müssen gelöscht werden. Auch soll zum Ausblasen ein gewitterfreier Tag gewählt werden. Auch beim Außerbetriebsetzen eines Gasbehälters sind Vorsichtsmaßregeln nötig. Das Ausblaserohr soll dann nach innen nicht verlängert sein. Das Ausgangsrohr des Behälters soll mit Wasser gefüllt bleiben, bis der Behälter wieder in Betrieb kommt. Das Rohrnetz soll von der Betriebsleitung durch einen Blindflansch getrennt werden. Wenn die Arbeit des Ausblasens vorüber ist, soll auch das Einlaßrohr mit Wasser gefüllt werden.

Eine statische Untersuchung über die an großen Gasbehältern angebrachten Bassinumgänge publizierte S c h m i d t [4]). B r i n e r [5]) empfahl die Anordnung eines automatisch wirkenden Verbrennungsreglers für die Heizungsanlage von Gasbehältern zum Zwecke, die einmal eingestellte Temperatur des Heizwassers konstant zu erhalten.

Eine ganz neuartige Gasbehälterkonstruktion hat B a u d o u i n [6]) vor dem niederländischen Gasfachmännerverein empfohlen. Es ist dies ein Behälter ohne Wasserabschluß. Er besteht aus einem geschlossenen eisernen Zylinder, welcher an der Innenseite in halber Höhe einen Mantel aus Tuch enthält. Ein Rand desselben schließt rund herum an den Zylinder an, der andere Rand ist an einer dünnen runden eisernen Platte befestigt, die nahezu

[1]) Zeitschr. d. österr. Gasver. 1910 S. 12.

[2]) Dies hat sich auch als zutreffend erwiesen.

[3]) Zeitschr. d. österr. Gasver. 1910 S. 9.

[4]) Journ. f. Gasbel. 1910 S. 1162.

[5]) Zeitschr. d. österr. Gasver. 1910 S. 577.

[6]) Journ. f. Gasbel. 1910 S. 1028.

denselben Durchmesser besitzt wie die Innenseite des Zylinders, und durch Kette mit Gegengewichten entlastet ist. Durch diese Entlastung wird die Platte auch in horizontaler Lage und der Druck auf beiden Seiten der Platte vollkommen gleich gehalten. Beim Füllen strömt Gas unter die Platte, und die Luft oberhalb der Platte strömt durch eine Klappe aus dem Zylinder ab. Um das Gas zum Zwecke der Abgabe unter einen bestimmten Druck zu setzen, wird mittels eines Ventilators Luft in den Raum oberhalb der Platte eingeblasen. Es ist wohl zu bezweifeln, daß das Tuch, welches zum Abschlusse des Gases dient, auf die Dauer dicht hält, sonst könnte man auch gewöhnliche Luftballons als Gasbehälter benutzen. Dies geschieht tatsächlich manchmal in aeronautischen Anstalten, aber auch dort verunreinigt sich das Gas bei langer Aufbewahrung durch Diffusion mit Luft.

Die Gasbehälter für Steinkohlengas erhalten in den meisten Fällen auf der vom Gase berührten Seite keinen besonderen Anstrich, sondern sie werden dort vielfach nur gefirnißt[1]). Ein Anstrich mit Farbe im Innern der Glocke wird vom Steinkohlengas vollständig zerstört und fällt ab, während das Eisen vollständig rein bleibt. Daraus geht hervor, daß ein Farbenanstrich innen überflüssig ist. Die zur Aufbewahrung von Wassergas bestimmten Behälter sollen dagegen innen einen dicken Anstrich mit säurefreiem Teer oder Asphaltlack erhalten. Der oberste Schuß des Bassins, welcher zeitweise vom Wasser bedeckt ist und zeitweise frei liegt, erhält zweckmäßig einen doppelten Anstrich. Bei Gasbehältern für Wassergas wird häufig eine Schichte von Teeröl auf die Wasseroberfläche im Innern der Glocke gebracht, die eine selbsttätige Ölung der Glockenwandungen bewirkt.

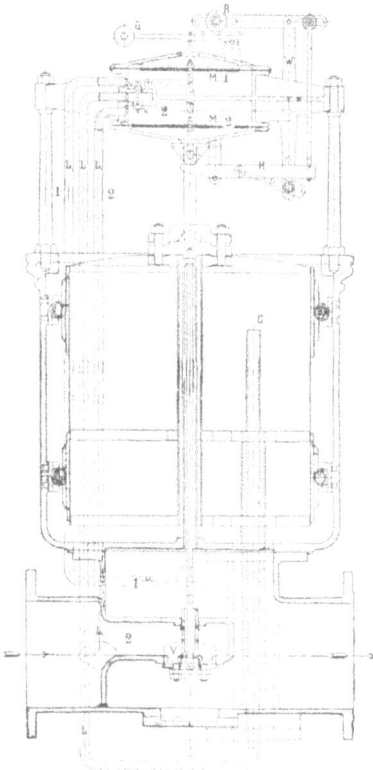

**Druckregler.** V o i g t [2]) berichtete auf der Versammlung in Magdeburg über einen neuen Stadtdruckregler, der in Fig. 19 dargestellt ist. Er ist durch einen besonderen Hilfsregler charakterisiert, welcher durch eine besondere Leitung $L$ mit dem Glockeninnern in Verbindung steht. Sobald der Stadtdruck steigt, ergibt sich als Aufgabe des Hilfsreglers, den Druck unter der Glocke zu erhöhen. Dies wird durch zwei kleine Drosselventile $V_1$ und $V_2$ erreicht, welche durch die Rohrleitungen $L_1$ und $L_2$ mit dem Vordruck und dem Stadtdruck in Verbindung stehen. Diese beiden Ventile werden durch die Membrane $M_1$ betätigt, die mittels Hebels und Laufgewichtes belastet wird. Die Belastungsrolle $R$ wird durch den Winkelhebel $W$ derart verschoben, daß bei sinkender Glocke die Belastung zunimmt, so daß also eine automatische Druckgebung bei höherem Konsum stattfindet. Dieser Regler soll sich auch besonders gut für Unterstationen im Fernversorgungsgebiet eignen.

Die A p p a r a t e - V e r t r i e b s g e s e l l s c h a f t Berlin - Wilmersdorf [3]) bringt einen neuen Hausdruckregler auf den Markt. (Fig. 20.) Der Druck gelangt bei diesem durch

Fig. 19.

---

1) Journ. f. Gasbel. 1910 S. 1074.
2) Journ. f. Gasbel. 1910 S. 1070.
3) Journ. f. Gasbel. 1910 S. 420.

einen rohrartigen Ansatz *r* unter die Membrane, während das strömende Gas unter dem Membranboden *m* weiter geleitet wird. Dadurch ist vermieden, daß etwaige Gaswirbeln unter die Membrane gelangen. Das aus höher liegenden Leitungen herunterfließende Kondenswasser gelangt nicht in die Ventile, sondern fließt durch die Schlitze *s* in den Wasser-

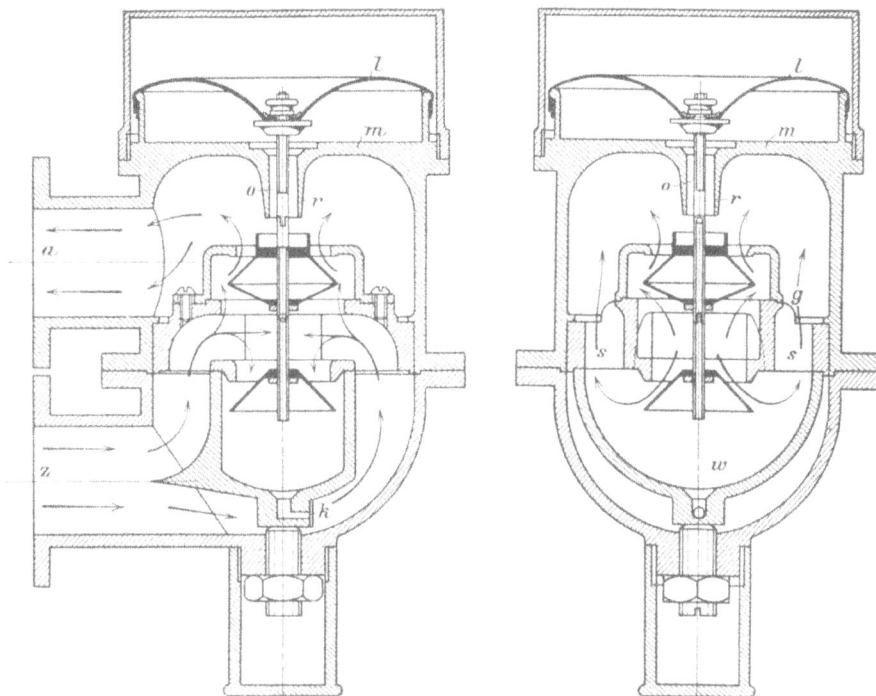

Fig. 20.

behälter *w* und von da automatisch durch die Klappe *k* Gegen diese drückt von außen der etwas höhere ungeregelte Druck, von innen der etwas geringere, geregelte Druck; durch diese Druckdifferenz wird die Klappe geschlossen gehalten. Dieser Regler soll die Anforderungen erfüllen, bei geringem Konsum ebenso zu regeln wie bei hohem und ebenso bei stark erhöhtem Vordruck, ferner auch kurze Stöße zu regulieren und bei geringem Vordruck keinen Druckverlust zu ergeben. Ferner soll er dauernd und rasch wechselnden Vordruck zu einem konstanten Druck ausregulieren.

**Unfallverhütung.** L e y b o l d [1]) hob in einem Artikel über elektrische Maschinen in Gasanstalten hervor, daß Gasmotoren in Apparaten- und Reinigerräumen unzulässig seien, auch die Aufstellung von Elektromotoren, Schaltapparaten und Sicherungen sei dort

---

[1]) Journ. f. Gasbel. 1910 S. 698.

nicht gestattet. Der Antrieb der Gebläse von Wassergasanlagen mittels Elektromotoren ist ebenfalls nur gestattet, wenn sich diese nicht in den Apparatenräumen, sondern im Generatorhause oder in eigenen Räumen befinden. Dagegen wird von anderer Seite betont[1]), daß es in Schlagwettergruben gestattet sei, mit Benzollokomotiven zu verkehren, falls dort elektrische Lokomotiven nicht gestattet seien. Es erschiene daher erwünscht, wenn auch von seiten der Gasfachmänner die Frage nochmals verfolgt würde, ob denn wirklich ein striktes Verbot von Gasmotoren in Gasapparatenräumen gerechtfertigt sei.

Zur Sicherheit des Gaswerksbetriebes ist ein rascher Überblick über die jeweilige Stellung aller Schieber sehr erwünscht. Es ist daher stets zweckmäßig, solche Schieber zu verwenden, welche die Schieberstellung von außen rasch erkennen lassen. Dies ist aber nicht der Fall bei den Schiebern mit innen liegender Schraube. Die Spindel dreht sich dort, ohne sich zu verschieben, und wenn man prüfen will, ob ein Schieber offen oder geschlossen ist, so muß man erst versuchen, nach welcher Seite sich die Spindel drehen läßt. Auch die große Explosion im Genfer Gaswerk ist dadurch hervorgerufen worden, daß die beiden Arbeiter, welche eine Gasausströmung durch den Geruch bemerkten, sich überzeugen wollten, ob der Schieber eines 500 mm weiten Rohres geschlossen sei, und dabei diesen Schieber irrtümlich öffneten[2]). Das kann bei Schiebern mit steigender Spindel nicht vorkommen.

R o ß  u n d  D u C h a t e l l e [3]) wiesen darauf hin, daß das übliche Verfahren, die Gaswerke stets am niedrigst gelegenen Punkte zu errichten, Gefahren in sich berge, da man oft nicht genügend Rücksicht auf die Überschwemmungsgefahr nimmt. So sind z. B. auch in letzter Zeit Überschwemmungen in französischen Gasfabriken und im Juni in Zürich-Schlieren eingetreten.

**Rohrleitungen, Ferndruckleitungen.** Die P o l e sche Formel, welche schon in den vergangenen Jahren lebhaft diskutiert wurde, ist neuerdings von C h a n d l e r [4]) nachgeprüft worden. Er fand, daß die Konstante dieser Formel für enge Zweigleitungen viel zu groß sei, und daß bei kleinen Druckunterschieden die durchströmende Gasmenge nicht proportional der Quadratwurzel aus den Drucken sei. R e y n o l d s hat gezeigt, daß ein gewisses Verhältnis zwischen Geschwindigkeit und Durchmesser kritisch ist; ehe dieses Verhältnis erreicht ist, erfolgt die Strömung in geraden Linien, sowie es jedoch überschritten wird, können nicht mehr dieselben Gesetze für verschiedene Geschwindigkeit angewendet werden. C h a n d l e r [5]) ermittelte den Gasdurchgang durch Röhren von 6,25 bis 50′ Länge und ¼ bis ½″ l.W. bei Drucken von 0,1 bis 4″ Wassersäule mit einem Gas von 0,425 spezifischem Gewicht. Ferner ermittelte er den Gasdurchgang durch eine Öffnung von 3,17 mm Durchmesser und 3,71 mm Dicke wie folgt:

| Druck mm Wassersäule | Gasdurchgang in Litern bei 0° 760 mm |
|---|---|
| 6,35 | 335,07 |
| 25,40 | 685,9 |
| 50,80 | 1011,7 |
| 76,20 | 1243,3 |
| 101,60 | 1425,2 |

[1]) Journ. f. Gasbel. 1910 S. 878.
[2]) Journ. f. Gasbel. 1910 S. 347.
[3]) Versamml. d. niederländ. Ver. in Brüssel. Journ. f. Gasbel. 1910 S. 1028.
[4]) Journ. of Gaslighting 1910 S. 35. Journ. f. Gasbel. 1910 S. 528.
[5]) Journ. of Gaslightg. 1910 S. 357. Journ. f. Gasbel. 1910 S. 528.

Die Ursache der Verschiedenheit des Angriffes von Schmiedeeisen und Gußeisen durch Rost findet K r ö h n k e [1]) darin, daß das Gußeisen seine Oberfläche durch die Gußhaut geschützt hat, während beim Schmiedeisen durch die mit dem Walzen verbundenen Verletzungen der Gußhaut die lokalen Anrostungen erleichtert werden. Im übrigen stellt Schmiedeeisen infolge seines geringeren Gehaltes an fremden Bestandteilen ein anfänglich langsamer rostendes Material dar. Ein Rohr aus reinem Schmiedeeisen mit einer gleichmäßigen unbeschädigten Oberfläche müßte daher ein besonders rostwiderstandsfähiges Rohr darstellen.

Die Umlegung von Gashauptleitungen ohne Absperrung des Gases ist eine Operation, deren Durchführung nicht immer einfach ist. Verhältnismäßig einfach ist dieselbe dann, wenn es sich nur um eine Verschiebung der Rohrstrecke um einige Meter handelt. So z. B. berichtete E n g e l s [2]) über die Umlegung einer Rohrstrecke von 150 m Länge bei 1000 mm l. Durchm., die zufolge einer Tieferlegung der Straßen um 2,5 m gesenkt werden mußte und gleichzeitig um 0,75 m seitlich verschoben wurde. Das Rohr wurde so weit frei gelegt, daß nur die Muffen eine Auflage behielten. Dann wurde langsam die Erde unter den Muffen weggenommen, bis sich das Rohr von selbst entsprechend gesenkt hatte. Zum Zwecke der seitlichen Verschiebung wurden unter die Muffen Eisenträger geschoben, welche mit Öl eingefettet waren. Es wurden dann seitlich 12 Winden angesetzt und auf Zuruf langsam angedreht. Die Bleiringe wurden dabei bei einigen Muffen um 10 bis 15 mm herausgedrückt, die Undichtheiten konnten jedoch durch Nachstemmen in kurzer Zeit beseitigt werden. Die ganze Umlegung nahm nur zwei Stunden Zeit in Anspruch. In ähnlicher Weise wurde in B e r g e n [3]) eine Rohrleitung von 600 mm l. Durchm. ohne Absperrung des Gases um 1,5 m seitlich verschoben, weil die elektrische Straßenbahn durch die Straße geführt werden sollte. Man brachte hier unter die Rohre in der Querrichtung eine Anzahl mit Seife eingeschmierter Bohlen und drückte mit fünf Winden die ganze Leitung nach seitwärts. Auch hier erlitten die Bleidichtungen nur geringe Undichtheiten, die rasch wieder verstemmt werden konnten und beanspruchte die Umlegung nur drei Stunden.

In C o r o n a d o [4]), welches sein Gas von St. Diego, einer Stadt, welche ihr Gas von einem Ort, der 1219 m entfernt auf der anderen Seite einer Bay liegt, bezieht, verlegte man das Rohr durch das Wasser derart, daß je 22 m vorbereitet und in das Wasser gesenkt wurden, bis nur ein kurzes Stück über die Oberfläche hervorragte, woran dann das nächste Stück angegliedert wurde. Zu diesem Zwecke wurden die gußeisernen Rohre von je 3,65 m Länge abwechselnd mit Muffen und Kugelgelenken versehen, so daß alle 7,3 m ein bewegliches Verbindungsstück vorhanden war. Die Kugelgelenke wurden verbleit und mit Werg verstopft. Die ganze Leitung wurde in drei Tagen verlegt, doch brauchten Taucher acht Tage dazu, um sie vollständig zu dichten.

Die Forderung, daß die Rohrgräben zur Vermeidung nachträglicher Senkung der Straßendecke mit einer 15 cm starken Betonplatte zu bedecken seien, scheint sich zu einer Regel herauszubilden[5]). Man setzt dabei voraus, daß der eingefüllte Boden sich zusammensackt. Dies tut er aber auch dann, wenn er mit einer Betonplatte bedeckt ist, und es bildet sich ein Hohlraum, der gefährlich ist, weil sich darunter Gas aus Undichtheiten ansammeln und verbreiten kann, so daß Undichtheiten nicht leicht zu finden sind. Auch entstehen dadurch Gefahren für die Anwohner und wird das Einsinken der Straßendecke nicht ver-

---

[1]) Gesundheitsing. 1910 S. 392. Journ. f. Gasbel. 1910 S. 1098.
[2]) Journ. f. Gasbel. 1910 S. 1143.
[3]) Journ. f. Gasbel. 1910 S. 765.
[4]) Journ. of Gaslightg. 1910 S. 233. Journ. f. Gasbel. 1910 S. 295.
[5]) Journ. f. Gasbel. 1910 S. 965.

hindert, wenn der Graben nicht vollständig fest eingestampft ist. Die Straßenbauverwaltungen stellen häufig die Forderung, daß die Einfüllung der Gräben nicht mit naß gewordenem Material, sondern mit Kies oder Schotter zu erfolgen habe. Auch dies verursacht Gefahren, weil das Gas durch den Kies sich überall hin verbreiten kann, so daß es auch leicht in das innere der Häuser dringt.

Zur Entfernung von Naphthalin aus den Rohrnetzen wird bekanntlich Xylol verwendet. G ü l i c h [1]) empfiehlt einen transportablen Xylolverdampfer zur distriktweisen Reinigung des Rohrnetzes von Naphthalin- und Teeransätzen. Das Rohrnetz wird zu diesem Zwecke mit besonderen Anschlußrohren versehen. Druckmessungen zeigen, wann der Apparat anzuschließen ist. Andere Xylolverdampfer sind im Journal für Gasbeleuchtung 1899, S. 426, beschrieben[2]). Spiritus ist weniger zu empfehlen, da es das Naphthalin in weit geringerem Maße löst.

Bei den Dichtigkeitsproben von Hausinstallationen ist man häufig Täuschungen durch die Monteure ausgesetzt[3]). Entweder versuchen Installateure, eine vorübergehende Dichtheit der Leitung herzustellen, oder es werden Mittel angewendet, um das Sinken des Prüfungsmanometers hintanzuhalten. Eine vorübergehende Dichtung wird erreicht, indem angesäuertes Wasser in das Rohr gegeben wird, welches einen Rostansatz verursacht, der die Leitung für einige Wochen dichtet. Zur Kontrolle ist es zweckmäßig, das in den Wassersäcken angesammelte Wasser auf seinen Säuregehalt zu prüfen. Ferner werden die undichten Stellen häufig bandagiert, mit irgend einem Klebemittel bestrichen und mit einem Isoliergummiband überwickelt. Häufig wird auch die undichte Stelle nach Anwärmen mit Wachs eingelassen. Zur Auffindung solcher vorschriftswidriger Dichtungen ist eine genaue Kontrolle der ganzen Leitung erforderlich. Um das Fallen des Prüfungsmanometers hintanzuhalten, stellen die Monteure dasselbe manchmal auf einen vorgewärmten Stein, oder es wird das Rohr an einer abseits gelegenen Stelle angewärmt. Hierzu bedient man sich manchmal auch eines kleinen, mit warmem Sand gefüllten Sackes. Besonders erfahrene Monteure stellen dann an einer abseits gelegenen Stelle ein zweites Manometer auf, um die Anwärmung der Leitung dem jeweiligen Bedarf anzupassen. Ein anderes Mittel zur Täuschung liegt in dem Schließen von Sektionshähnen. Um die diesbezügliche Kontrolle zu erschweren, wird die Durchgangsmarke am Vierkant des Hahnes abgefeilt und verkehrt aufgesetzt. Oft wird auch ein verpfropftes Probierstück angewendet, so daß bei der Probe überhaupt nur das Manometer und der Verbindungsschlauch unter Druck steht, oder es wird in einem durchhängenden Schlauch Wasser eingefüllt. Alle diese Täuschungen sind erkenntlich, wenn nach der Probe durch Öffnen von einzelnen Pfropfen an weit entfernten Stellen der Druck aus dem Rohr abgelassen wird, wobei natürlich das Manometer sofort sinken muß. Jedoch hat der Erfindungsgeist der Monteure auch dagegen ein Hilfsmittel gefunden: es wird dann in die Muffe des Probierstückes nahe dem Schlauchansatz ein Gummiventil eingesetzt, welches sich öffnet, wenn Luft in die Rohrleitung gepreßt wird; ist jedoch der vorgeschriebene Druck erreicht und sinkt derselbe in der Rohrleitung, so hält das Gummiventil den Druck im Manometer unverrückt fest. Erst durch plötzliche Entlastung beim Öffnen der Leitung läßt das Ventil den Druck entweichen. Gegen solche Vorrichtungen kann nur eine gründliche Untersuchung des betreffenden Manometers einschließlich der Schlauchleitung schützen. Oft wird auch in irgendeinem Wassersack ein Stückchen mit Wasser befeuchtetes Kalziumkarbid gelegt, um die entweichende Luft durch Azetylengas zu ersetzen. Eine genaue Kontrolle des Druckes, ev. durch Ablassen des ganzen Druckes und Beobachtung des Mano-

---

[1]) Journ. f. Gasbel. 1910 S. 704.
[2]) Journ. f. Gasbel. 1910 S. 992.
[3]) Zeitschr. d. österr. Gasver. 1910 S. 130.

meters nach neuerlichem Schließen des Rohres, wird diese Täuschung auch entdecken, denn in diesem Falle wird das Manometer neuerlich zu steigen beginnen.

Schmiedeeiserne Gasrohre können auch durch einen unrichtig zusammengesetzten Estrich Beschädigungen erfahren. Über einen solchen Fall berichtete F u c h s [1]). Der Estrich bestand in einigen Neubauten aus Chlormagnesium, Magnesit und Korkabfällen. Es war zuviel Chlormagnesium verwendet worden und wurde daraus offenbar durch Kieselsäure Salzsäure frei gemacht, die auf das Eisen einwirkte. Wäre eine entsprechende Menge Kalk zugesetzt worden, so hätte kein Zerfressen der Rohrleitungen, wie es tatsächlich stattgefunden hat, eintreten können.

W a h l [2]) berichtete über die Wirkung eines Blitzstrahles auf eine Gasbleirohrleitung, in welche derselbe ein erbsengroßes Loch bohrte und das ausströmende Gas entzündete.

Die F e r n v e r s o r g u n g mit Gas unter hohem Druck nimmt nach wie vor immer größere Dimensionen an. F ö r s t e r [3]) hebt in einer Veröffentlichung über die Versorgung

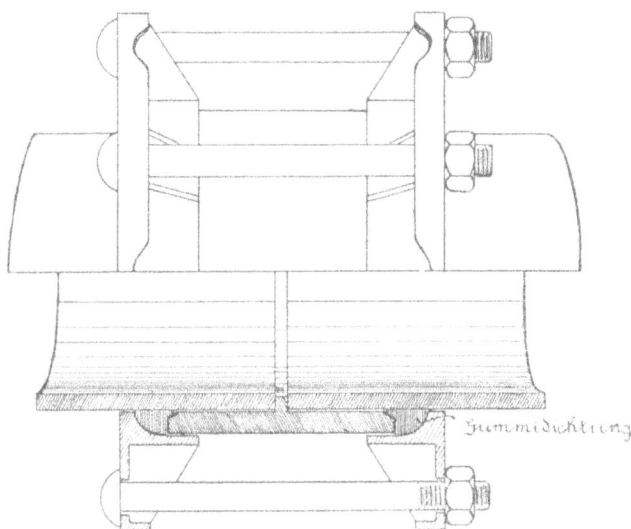

Fig. 21.

der Städte mit Gas aus Kokereien hervor, daß der Effektverlust bei der Leitung von Gas nur ein Viertel desjenigen bei der Leitung von Elektrizität beträgt. Der größte Vorzug ist in der Akkumulierbarkeit des Gases zu erblicken. Es kann ohne Verlust aufgespeichert werden, was bei der Elektrizität nicht der Fall ist. Von Zeit zu Zeit treten immer wieder die Projekte auf, große Städte von den Kohlenwerken aus durch eine Hochdruckgasleitung zu versorgen. Neuerdings hat M a r t i n vorgeschlagen, London von dem South Yorkshirefield aus mit Gas zu versorgen. Die Entfernung beträgt 275 km. Es ist ein Rohr von 650 mm Durchmesser geplant. Bei dem Anfangsdruck von 25 Atm. berechnet sich der Kraftbedarf zu 46 000 HP, um den derzeitigen jährlichen Bedarf von 1130 Millionen cbm nach London zu befördern. Das Gas würde sich vor dem Kompressor auf 1,75 Pf. pro cbm einschließlich der Kompressionsverluste durch Undichtheiten usw. stellen. Im Behälter

---

[1]) Westdeutsche Bauzeitg. 1909 S. 6. Journ. f. Gasbel. 1910 S. 65.
[2]) Journ. f. Gasbel. 1910 S. 902.
[3]) Journ. f. Gasbel. 1910 S. 385.

68

in London würde es auf 2¼ Pf. kommen, während sich die Selbstkosten für die Londoner Gasgesellschaften auf 3,55 Pf. pro cbm belaufen. Das Anlagekapital der Leitung würde sich auf 25 Mill. M. belaufen. Amerika hat uns in der Fortleitung des Gases weit überflügelt. Die erste Hochdruckleitung wurde dort schon im Jahre 1899 in Phönixville erbaut. Neuerdings wurde zur Versorgung eines Ortes mit 150 Gasabnehmern ein Verteilungsnetz von nur ¾″ bis 1″ l. W. angelegt. Die Drucke sollen nicht über 3,5 Atm. gewählt werden, im Mittel betragen sie nur 2 Atm.

Bei Durchmessern von 200 mm aufwärts scheint die sog. Dresserkuppelung (Fig. 21) die größte Verbreitung gefunden zu haben. Zweckmäßig werden die Anbohrungen nur so groß gemacht, als es die Menge des in der Zweigleitung gebrauchten Gases erfordert. Eine 1½″ Öffnung läßt bei 2 Atm. Druck in 24 Stunden 14 000 cbm Gas hindurch. Fig. 22 zeigt den Hausanschluß einer amerikanischen Hochdruckleitung. Bei diesen hohen Drucken sind Vorratsgasbehälter überhaupt nicht erforderlich, da die unter Druck

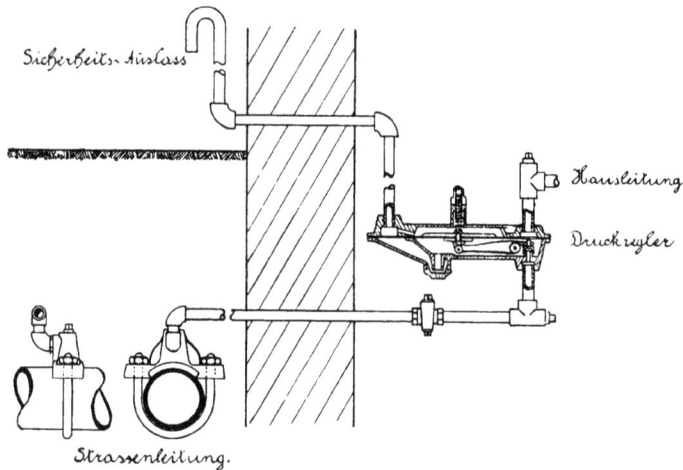

Fig. 22.

stehenden Leitungen genügend Gas aufspeichern. Baut man dennoch Behälter ein, so wählt man Druckbehälter von 20 bis 30 cbm Inhalt, die den Luftbehältern unserer Preßluftanlagen ähneln und unter der Erde untergebracht werden. Die Kohlenwasserstoffe, welche sich bei der Kompression ausscheiden, werden nachträglich wieder dem Gase beigefügt, um es auf seine ursprüngliche Leucht- und Heizkraft zu bringen.

Johnson[1]) berichtete ebenfalls über die Hochdruck-Gasfernversorgung in Amerika. Die Western United Gas and Electric Company liefert Gas an 30 Städte und Ortschaften von vier Gaswerken aus mit Drucken von 2,8 und 4,2 Atm. Zwei Gaswerke liefern ein Gemisch von Steinkohlengas und Wassergas, die beiden anderen gewöhnliches Steinkohlengas. Die Anlage hatte unter Betriebsschwierigkeiten zu leiden, da sich ein schwarzes Pulver in den Leitungen niederschlug, welches zum größeren Teil aus Eisenoxyd, zum geringeren aus beim Glühen flüchtigen Bestandteilen von pechähnlicher Beschaffenheit bestand. Bei der Verteilung des Gases unter hohem Druck ist es wichtig, Sicherheitventile vor den Gasmessern anzuordnen, welche häufig kontrolliert werden müssen, da sie sich leicht durch Staub, Eis o. dgl. verstopfen. Gut bewährt hat sich ein senkrechtes Absperrventil von Lock

[1]) Progressiv Age 1910 S. 268. Journ. f. Gasbel. 1910 S. 665.

W o o d. Bei diesem wird ein Metallkörper bei plötzlicher Druckentlastung durch den Hochdruck gegen den Ausgang gepreßt, so daß Entweichungen von Gas verhindert werden.

**Gefährdung der Rohrleitungen durch Elektrolyse.** Nach H a b e r und K r a s s a[1]) sind die wichtigsten Größen, welche bei der Untersuchung des Einflusses der Ströme von den elektrischen Straßenbahnen auf Gasrohrleitungen zu beobachten sind: 1. Die zulässige Minimalspannung zwischen Rohr und Schiene, 2. die Spannung im Rohre gegen eine unmittelbar benachbart in die Erde eingesetzte Tastelektrode und 3. die zulässige höchste Stromdichte beim Austritt aus dem Rohre. Nach den Verfassern genügen schon erheblich geringere Spannungen als 1 Volt zwischen Rohr und Schiene, um einen merklichen Strom hervorzubringen. Bei der Untersuchung teilweise aufgegrabener Rohrstrecken ergab sich die Bildung einer Art eines galvanischen Elementes, bei welchem die aufgegrabenen Rohrteile als Anode wirken und die Kathode durch den Sauerstoff der Luft gegeben ist, die infolge des Aufgrabens in die das Rohr unmittelbar umgebenden Erdschichten eindringt. Die Verfasser reproduzierten in einem mit Leitungswasser gefüllten Trog diese Erscheinung, wobei sie eine gußeiserne, noch mit der Gußhaut versehene und daneben eine frisch abgedrehte schmiedeiserne Platte als Elektroden verwendeten. Die Verfasser möchten die früher als obere Grenze der Stromdichte beim Austritt aus dem Rohr angegebene Grenze von 1,0 auf 0,75 Milliamp. pro Quadratdezimeter herabsetzen. Die Angreifbarkeit des Eisens durch Wechselstrom erwies sich bei 15 bis 30 Perioden in der Sekunde als sehr gering. Die Gußhaut bildet gegen die elektrolytischen und chemischen Eingriffe einen Schutz, der jedoch vergänglich ist. Die Verfasser halten es für nicht ausgeschlossen, daß man durch entsprechende Wahl und Behandlung des Gußeisens widerstandsfähigere Gußhäute erhalten könnte. Auf der Versammlung der »Manchester District Institution of Gasengineers« wurden seitens der S h e f f i e l d  G a s l i g h t  C o m p a n y[2]) Versuche mit einem 305 m langen Versuchsrohre, welches in sechs verschiedene Bodenarten gelegt wurde, gemacht. Parallel zu einer der Rohrstränge wurde ein Schienenstrang in die Erde gebettet und zwischen beiden eine Spannung von 1,5 Volt, entsprechend einem Strom von 0,25 Amp. durch 570 Tage aufrechterhalten. Aus den Versuchen war zu schließen, daß die von der B o a r d  o f  t r a d e festgesetzte obere Grenze der Spannung zwischen Rohr und Schiene (1,47 Volt) keinen nennenswerten unmittelbaren Schaden an den Rohren verursacht, und daß das Umgießen der Rohre mit einer Schutzmasse die Haltbarkeit der Rohre fördert.

P r e n g e r[3]) berichtete über die Vorschriften, welche von der V e r e i n i g t e n E r d s t r o m k o m m i s s i o n des deutschen Gasvereins, des Verbands deutscher Elektrotechniker und des Vereines deutscher Straßenbahnverwaltungen ausgearbeitet wurde. Diese Vorschriften sind für die Vorausberechnung neu zu errichtender Anlagen eingerichtet. Maßgebend für die Gefährlichkeit ist die Stromdichte, mit der die Elektrizität das Rohr verläßt. Da sich jedoch die Stromdichte nicht vorausberechnen läßt, wurde das Schwergewicht auf die Frage gerichtet, wie die Rückleitungsanlage einzurichten sei, damit die Stromdichte möglichst gering werde, und dies führt zu der Frage, welcher Spannungsabfall im Schienennetz zugelassen werden darf. Damit die Besitzer von Rohrleitungen ein Mittel an der Hand haben, sich auch nachträglich gegen Zerstörungen ihrer Leitungen zu verwahren, ist ein Höchstmaß für die zulässige Stromdichte angegeben worden, welches mit 0,75 Milliamp. pro Quadratdezimeter festgesetzt wurde. Die Erdstromkommission wurde weiter bestehen gelassen, damit etwaige Streitfragen durch sie erledigt werden können und damit Messungen, wenn in irgendwelchen Städten das Bedürfnis hierzu vorliegt, durchgeführt werden können.

---

[1]) Zeitschr. f. Elektrochemie 1909 S. 705.  Journ. f. Gasbel. 1910 S. 118.
[2]) Journ. of Gaslightg. 2. März 1909.  Journ. f. Gasbel. 1910 S. 271.
[3]) Journ. f. Gasbel. 1910 S. 744.

Die genannten Vorschriften der Vereinigten Erdstromkommission haben keine Anwendung auf Schienenstränge, welche mehr als 200 m von dem Rohrnetz entfernt sind, und enthalten folgende wesentliche Punkte:

1. Die Schienen sind als möglichst vollkommene und zuverlässige Leiter auszubilden.

2. Im inneren verzweigten Schienennetz soll bei mittlerem Betriebe die sich rechnerisch ergebende Spannung zwischen zwei beliebigen Schienenpunkten 2,5 Volt nicht überschreiten. Auf den auslaufenden Strecken soll das größte Spannungsgefälle nicht mehr als 1 Volt pro Kilometer betragen.

3. Der Widerstand zwischen dem Schienennetz und der Erde muß möglichst hoch gehalten werden. Die Geleise dürfen weder mit den Röhren noch mit sonstigen Metallmassen in der Erde metallisch verbunden sein. Der Abstand zwischen Schienen und Rohrnetzteilen muß so groß wie möglich, mindestens 1 m, gehalten sein. Behufs Erhöhung des Widerstandes zwischen Schiene und Erde ist die Schiene auf möglichst schlecht leitender, gut entwässerter Unterbettung zu verlegen. Wo die Stromdichte den Mittelwert von 0,75 Milliamp. pro Quadratdezimeter erreicht, ist die Rohrleitung unbedingt als gefährdet zu bezeichnen.

4. Um die Potentiale an den Schienenanschlußpunkten prüfen zu können, sind für jedes Stromabgabegebiet von entsprechenden Punkten Prüfdrähte zu einer Sammelstelle zu führen.

5. Die Schienenstoßverbindungen sind alljährlich einmal mittels eines Schienenstoßprüfers nachzuprüfen.

H a r p e r[1]) untersuchte verschiedene Deckmittel zur Verhütung des Angriffs eiserner Rohre durch Elektrolyse. Sie lassen sich in vier Gruppen einteilen:

1. Flüssige Mittel, wie Anstriche o. dgl.

2. Feste Mittel aus organischen Verbindungen, die geschmolzen werden, wie Pech, Asphalt usw.

3. Anorganische Mischungen, die durch Eintauchen in ein Schmelzbad oder durch Elektrolyse aufgetragen werden, wie Oxyde, Email usw.

4. Feste Umhüllungen, wie Teerpappe usw. oder dickwandigere Mischungen aus Zement und anderen Substanzen. Bedingung für derartige Schutzmittel ist, daß sie luft- und wasserdicht bleiben müssen, und in mechanischer Hinsicht widerstandsfähig sein müssen. Ebenso müssen sie leicht zu erneuern sein. Die Versuche über 40 verschiedene Schutzmittel ergaben bei keinem einen vollkommenen Schutz, weil bei allen die Wasserundurchlässigkeit und Widerstandsfähigkeit allmählich verloren geht. Emaile sind kostspielig und spröde, springen leicht ab. Beton bietet wegen seiner Wasserdurchlässigkeit keinen Schutz. Andere Umhüllungen neigen zum Faulen. Zusätze von Harz, Talk, Leim usw. vermindern die Wirksamkeit. Auch G e p p e r t und L i e s e[1]) sind zu dem Resultat gekommen, daß durch Schutzmittel kein entsprechender Schutz erzielt werden kann, denn es zeigten sich neben der Isolierung Neuanfressungen des Rohres. Die Verfasser führten daher einen Schutz auf elektrischem Wege ein. Bekanntlich hat nur der aus einem Rohr austretende Strom zerstörende Eigenschaften, während ein in das Rohr eintretender Strom, der es zum negativen Poltmacht, gegen Elektrolyse zufolge Wasserstoffentwicklung schützt. Dieser Effekt wurde bei einem Versuch in Karlsruhe dadurch erzielt, daß in der Nähe der Rohre Elektroden in die Erde versenkt wurden, welche mit dem positivem Pole einer niedervoltigen Stromquelle verbunden wurden, während die zu schützenden Rohre mit dem negativem Pole der gleichen Stromquelle verbunden waren[2]). Als Elektroden wurden parallel zu dem zu schützen-

---

[1]) Journ. f. Gasbel. 1910 S. 953.
[2]) D.R.P. Nr. 211 612.

den Rohre alte Gußrohre kleinerer Dimension eingelegt, die mittels Bleimuffendichtung verbunden waren. Als Leitungswiderstand ergab sich für Muffen:

Mit Blei vergossen . . . . . . . . . . . . . . . . . . . 0,00033 Ohm
Mit Bleiwolle . . . . . . . . . . . . . . . . . . . . . 0,01 »
Metallisch verbunden . . . . . . . . . . . . . . . . . 0,00066 »

Ein vollkommener Schutz des Rohres ergab sich bei 5 Volt Elektrodenspannung. Der Kraftbedarf spielt gegenüber dem Kraftbedarf der Straßenbahn keine Rolle. Die Rohre erwiesen sich nach 15 Monaten vollständig frei von Anfressungen. Die Einrichtung in Karlsruhe wurde von Ingenieur J o e r g e r , Karlsruhe, Glückstr. 48, ausgeführt.

Verhältnismäßig noch wenig beachtet sind die Gefahren, welche den Gasinstallationen in den Häusern durch mangelhafte elektrische Installation entstehen können. E i s e l e[1]) verweist darauf, daß durch die kombinierten Leuchter für Gas- und elektrisches Licht oder durch umgeänderte Beleuchtungskörper die Gefahr des direkten Stromüberganges auf die Gasleitung besteht, wodurch Durchschmelzungen oder Elektrolyse eintreten kann. Er gibt diesbezüglich Beispiele aus Kassel. Durch einen Kurzschluß, der im Straßenbahnbetriebe eintrat, ging Strom auf die Wasserleitung über und schmolz in diese sowie in die Gasleitung Löcher, beschädigte Badeöfen und erschreckte die Badenden durch Feuerstrahlen, welche an den Badeöfen sichtbar wurden. Er empfiehlt, die Gas- und Wasserleitungen beim Eingang in die Häuser kräftig metallisch miteinander zu verbinden oder dieselben durchwegs in mindestens 10 cm Abstand zu verlegen, so daß ein Überspringen des Stromes von der einen auf die andere Leitung nicht so leicht stattfinden kann.

Auch in Darmstadt wurden nach Mitteilungen von K a l b f u ß[2]) durch einen abgeirrten Strom vier Stück 10 bis 15 mm weite Löcher in eine Gaszuleitung geschmolzen. Der Hausanschlußkasten für die Kabeleinführung war durch Eindringen des Wassers feucht geworden, so daß der Strom in das Mauerwerk übertreten konnte, von wo er an Stellen, wo die Gasleitung an der Mauer anlag, auf das Gasrohr überging. Über zwei ähnliche Fälle in Königsberg berichtete P o h l[3]). In das die elektrische Lichtleitung kreuzende Gasrohr waren durch einen Strom, welcher einem defekten Kabel entsprang, Öffnungen eingeschmolzen worden, aus denen das Gas ausströmte, sich entzündete und benachbarte Gegenstände in Brand setzte. Im zweiten Falle war ein durch Elektrolyse zerstörtes Gasrohr schuldtragend. Die elektrische Lichtleitung im Keller hatte nicht mehr genügende Isolation, und obwohl das Gasrohr in einem Abstand von 30 cm lag, wurde dasselbe doch zerstört. Der Strom war durch die feuchte Wand gegangen und benutzte die Gasrohrleitung als Rückleitung zur Erde.

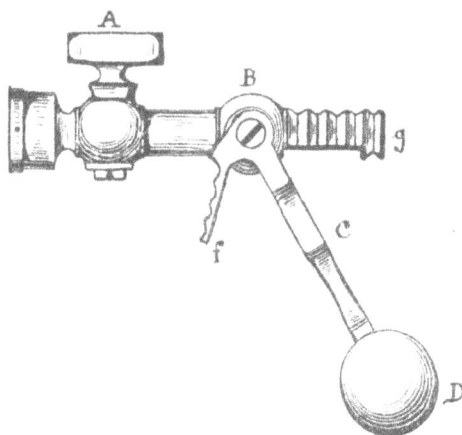

Fig. 23.

**Sicherungen gegen Gasausströmungen.** P e i s c h e r hatte seinerzeit bemerkt, daß wenigstens die Hälfte der in Privathäusern verursachten Gasvergiftungen dadurch erfolgte,

---

[1]) Journ. f. Gasbel. 1910 S. 324. Zeitschr. d. österr. Gasver. 1910 S. 809.
[2]) Journ. f. Gasbel. 1910 S. 663.
[3]) Journ. f. Gasbel. 1910 S. 1047.

daß der an einem offen gelassenen Schlauchhahn befestigte Gasschlauch abrutscht. K e l l e r[1]) hat deshalb einen Sicherheitshahn konstruiert, welcher sich schließt, im Falle der Schlauch abrutscht. Fig. 23 zeigt diesen Hahn. Der untere Teil der Gabel C ist zu einem Fortsatze f verlängert, welcher ein Segment des Schlauchansatzes g bildet. Dieser Fortsatz wird durch den Schlauch festgehalten, wodurch der Hahn offen bleibt. In dem Augenblicke, als der Schlauch vom Ansatze abgleitet, wird die Gabel durch das Gewicht nach abwärts gedrückt, und der Hahn schließt sich. Natürlich ist ein zweiter Hahn zum beliebigen Auf- und Abdrehen des Hahnes erforderlich. Später hat K e l l e r[2]) diesen etwas teuren Sicherheitsschlauchhahn verbessert, indem er jetzt nur mehr einen einzigen horizontal gestellten Schlauchhahn verwendet, der an Stelle des gewöhnlichen Hahngriffes einen Hebel besitzt. Dieser Hahn ist durch eine Kette mit einer Klammer verbunden, welche über das eine Ende des Gasschlauches geschoben wird. Wenn nun der Schlauch abfällt, so zieht das Gewicht des Schlauches und der Klammer den Hebel nach abwärts und schließt den Hahn. Diese Sicherheitsvorrichtung kann auch ohne Hahn geliefert werden, indem nur der Hebel auf den gewöhnlichen Hahngriff aufgesetzt wird. Bedingung bei dieser Vorrichtung ist allerdings, daß der Schlauch frei nach abwärts fallen kann, um den nötigen Zug an dem Hahnhebel auszuüben.

Eine einfache Schlauchsicherung wird auch von B e r n h a r d B o n a c z in Berlin[3]) in den Handel gebracht. Sie besteht aus einem Schutzring aus Spiraldraht, welcher über dem Schlauch am Ansatz übergeschoben wird und denselben festhält. Eine solche Vorrichtung schützt jedoch nicht gegen das Aufplatzen der Schläuche. Sie empfiehlt sich nur bei häufig zu lösenden Schlauchverbindungen.

Ein Sicherheitsabschlußventil für Gasleitungen, welches dann in Funktion tritt, wenn die Gaszufuhr aus irgendeinem Grunde unterbrochen wurde, oder wenn etwa durch Abspringen eines Schlauches ein zu großer Gaskonsum eintritt, ist von der B a m a g konstruiert worden. Dieses Ventil besteht aus einem Gehäuse, welches oben einen Hufeisenmagnet trägt. Die Ventilstange trägt einen Anker aus leichtem Eisen und ist so bemessen, daß das Ventil gerade geschlossen ist, wenn der Anker vom Magnet festgehalten wird. Das Ventilgehäuse ist durch eine Membrane in zwei Hälften geteilt, deren obere unter dem Gasdruck steht, während die untere durch eine Feder belastet ist. Wird die Gaszufuhr unterbrochen, so sinkt der Druck oberhalb der Membrane, die Feder treibt das Ventil nach oben, indem sie dasselbe schließt, und das Ventil wird durch den Magnet geschlossen gehalten, so daß auch dann, wenn die Gaszufuhr wieder stattfindet, das Ventil geschlossen bleibt und erst von Hand wieder geöffnet werden muß. Der Abschluß tritt auch dann ein, wenn zufolge plötzlichen Sinkens des Gasdruckes durch Abspringen eines Schlauches die Membrane entlastet wird.

Vielfach ist schon vorgeschlagen worden, Ausströmungen von Gas in die Luft durch Diffusion in eine Tonzelle vermittelst der Drucksteigerung anzuzeigen, welche innerhalb derselben stattfindet. Neuerdings hat P a u s i n g e r[4]) eine solche Anzeigevorrichtung konstruiert, welche die Erwärmung benutzt, die Platinmoor erfährt, wenn man ihn in gashaltige Luft bringt. Bei starkem Gasgehalt wird ja bekanntlich eine Platinmoorpille zufolge der katalytischen Verbrennung glühend. Aber schon bei ganz geringem Gasgehalt erwärmt sich die Pille so weit, daß ein feiner Faden aus leicht schmelzbarer W o o d scher Legierung abschmilzt und eine darangehängte Kugel abfallen läßt, welche eine elektrische

[1]) Zeitschr. d. österr. Gasver. 1910 S. 392. Journ. f. Gasbel. 1910 S. 834.
[2]) Zeitschr. d. österr. Gasver. 1910 S. 561.
[3]) Chem. Zeitg. 1910 S. 1061. Zeitschr. d. österr. Gasver. 1910 S. 583.
[4]) K r o p f, Zeitschr. d. österr. Gasver. 1910 S. 214.

Kontaktvorrichtung mit Klingel in Tätigkeit setzt. Zur Vermeidung von Explosionen wird diese Pille in eine Tonzelle eingesetzt und wird eine Flüssigkeit in den unteren Teil des Apparates gebracht, so daß sie beim Abfallen abgekühlt wird und nicht zur Entzündung des Gasgemisches führen kann. Der Apparat tritt bei einer unteren Grenze des Gasgehaltes von 1 bis 1½% in Tätigkeit.

**Gasmesser.** Die trockenen Gasmesser leiden an dem Übelstande, daß die Membranen sich in Falten legen und brüchig werden, so daß entweder durch Eingehen der Membrane eine Verringerung oder durch Ausdehnung derselben eine Vergrößerung des Meßraumes stattfindet. Auch müssen dieselben öfter auf ihre Genauigkeit überprüft werden. Die nassen Gasmesser dagegen leiden unter der Kälte einerseits, und verlieren anderseits bei höherer Temperatur an Wasser durch Verdunstung desselben. Diese beträgt im Mittel 0,4 l pro 100 cbm durchgegangenes Gas. Würde ein nasser Gasmesser durch zwei Monate lang nicht nachgefüllt, so würde er um 6½% unrichtig anzeigen. W e l l a r d[1]) berichtet über einen Gasmesser mit Konstanthaltung des Niveaus, welcher den Namen »Duplex« erhalten hat. Vermittelst eines Löffels und eines Injektors wird durch die Rotation der Gasmessertrommel das Niveau im Meßraum konstant gehalten. Das Wasser wird einem Vorratsbehälter entnommen, welcher für 400 bis 500 cbm Gas ausreichend ist. Um diese Gasmesser bei jeder Temperatur anwenden zu können, ist es zweckmäßig, sie zu bedecken und dem Wasser etwas Alkohol beizugeben. Dadurch wird das Einfrieren vermieden. W e l l a r d erwähnt ferner, daß die Gasmessertrommeln nicht aus Blech, sondern aus Britanniametall gefertigt sein sollen. Nur bei Stationsgasmessern ist Blech zulässig. Die Zwischenwandungen sind am zweckmäßigsten aus Hartblei zu wählen. R o c h e[2]) empfiehlt, die Anwendung des Aluminiums bei der Konstruktion von Gasmessern zu berücksichtigen.

Ein neues Prinzip zur Messung eines Gasstromes erläuterte T h o m a s[3]). Es ist dies ein Instrument zur Messung der Geschwindigkeit des Gasstromes. Derselbe wird an einem elektrisch beheizten Platindraht vorbeigeführt, und die Temperaturerhöhung, die der Gasstrom erfährt, wird durch Thermoelemente gemessen. Ebenso sind die Rota-Gasmesser[4]) keine Instrumente zur Messung des Gasvolumens, sondern es sind Gasgeschwindigkeitsmesser, über deren Konstruktion schon unter dem Titel »Gaskonsumzeiger« berichtet wurde. Dieselben geben nicht mit genügender Genauigkeit den Gaskonsum an, da die Anzeige in hohem Maße vom spezifischen Gewichte des Gases abhängt. Sie leisten aber vorzügliche Dienste bei der raschen Einstellung des Konsums von Lampen, Düsen, bei der Nachprüfung von Gasmessern, bei der Bestimmung der Durchlaßfähigkeit von Gasleitungen, bei der Messung des Luftzusatzes zum Regenerieren der Reinigungsmasse und beim Mischen von Gasen aller Art.

Zweckmäßig ist die Neuerung an Gasmessern, auf einer Scheibe die Geldsumme für die verbrauchte Gasmenge anzugeben. Die Scheibe wird so eingerichtet, daß sie nach jeder Ablesung wieder auf den Nullpunkt eingestellt werden kann. Dadurch werden alle Differenzrechnungen beseitigt, und der Konsument kann in jedem Augenblick sehen, welche Auslage er für das verbrauchte Gas zu leisten hat[5]).

Eine neue Art von Konsolen zur Aufstellung von Gasmessern empfiehlt K n ü p f e r[6]). Dieselben bestehen aus Schmiedeeisen und sind so eingerichtet, daß bei der Befestigung an der Wand die Fugen zwischen den Steinen verwendet werden können.

[1]) Zeitschr. d. österr. Gasver. 1910 S. 413.
[2]) Journ. of Gaslightg. 1910 S. 119. Journ. f. Gasbel. 1910 S. 1097.
[3]) Journ. of Gaslightg. S. 241, 440 u. 726.
[4]) Journ. f. Gasbel. 1910 S. 645.
[5]) Journ. f. Gasbel. 1910 S. 371.
[6]) Journ. f. Gasbel. 1910 S. 120.

Nicht selten kommen Defraudationen von Gas vor. Es ist z. B. möglich, daß der Konsument nach Aufnahme des Gasmesserstandes den Gasmesser durch Abschrauben der Verbindungsstücke entfernt, eine provisorische Verbindungsleitung zwischen dem Ein- und Ausgangsrohr herstellt, so während des ganzen Monats ungemessenes Gas bezieht und vor der Ablesung am Schlusse des Monats den Gasmesser wieder an Ort und Stelle setzt. Um dies zu verhindern, hat R o m b a c h[1]) Verbindungsstücke hergestellt, welche durch Plomben gesichert werden können. Bei in Betrieb befindlichen Gasmessern werden Blech-hülsen über die Verschraubungen gestülpt und mit Plomben verschlossen, derart, daß es nicht möglich ist, den Gasmesser abzuschrauben, ohne die Plombe zu verletzen. Bei neuen Gasmessern befindet sich eine Schelle an dem Rohrstück, welches zur Sicherung der Schraube mittels Plombe dient.

Die Gasautomaten haben auch in Wien zu einem guten Erfolge geführt. Innerhalb fünf Jahren (d. i. bis zum Jahre 1909) wurden 16 098 Automatenanlagen mit einem Gesamt-aufwand von 2,72 Mill. K errichtet, die einen jährlichen Gasverbrauch von 3,43 Mill. cbm ergaben. Die Zahl der Gasmesser, die auf 1 km Rohrnetz entfallen, stieg von 105 auf 161.

**Qualität des Steinkohlengases.** In der Abschaffung der Norm einer bestimmten Leucht-kraft des Steinkohlengases in der frei brennenden Flamme ist Deutschland allen anderen Staaten vorausgegangen. Nunmehr wird die Frage auch in England diskutiert und tritt das Journal of Gaslighting[2]) dafür ein, daß nicht außer der Leuchtkraftnorm noch eine Norm für die Heizkraft geschaffen werde, sondern daß die Heizkraftnorm durch die Leuchtkraft-norm ersetzt werde. Auch in Amerika wurde eine Konferenz abgehalten[3]), die sich mit dieser Frage befaßt. Ein Bericht über vorbereitende Untersuchungen liegt bereits vor. Es wurden Heizwertbestimmungen von Kohlengas, karburiertem Wassergas und Gemische derselben durchgeführt, die Beziehungen zwischen Lichtstärke der offenen Flamme und der Heizwerte ermittelt, ferner wurde bestimmt, wie viel Gas für solche Zwecke gebraucht wird, für die die Leuchtkraft und der Heizwert wichtig sind. Ferner soll festgesetzt werden, welches Kalorimeter das zweckmäßigste ist. Die Untersuchungen haben ergeben, daß die Heizkraft im allgemeinen zwischen 4900 und 6200 Kal. lag. Die Untersuchung des Londoner Gases der Gaslight & Coke Co. im Jahre 1908/1909 ergaben eine[4]) Leuchtkraft von 16,18 bis 18,80 Kerzen im Carpenterbrenner bei 5 cbf Konsum. Im Schnittbrenner gab das Gas nur 9,7 bis 13,5 Kerzen. Der untere Heizwert pro Kubikmeter schwankte zwischen 4440 und 4650 Kal. Leider sind hier keine Angaben über die Temperatur gemacht, für welche dieser Heizwert gilt. Noch wichtiger als die absolute Höhe des Heizwertes des verteilten Steinkohlengas ist es, das Gas mit einer stets gleichbleibenden Qualität abzugeben[5]). Es liegt auch im Interesse der Gasgesellschaften zufolge der veränderten Leuchtkraftnorm, nicht etwa ein Gas zu liefern, welches die Kundschaft nicht befriedigt, und von dem ein größeres Quantum gebraucht wird. In England ist überdies durch die Anerkennung des London Argand-Brenner Nr. 2 eine Ungerechtigkeit beseitigt worden, die darin lag, daß Gase mit einem verhältnismäßig geringen Luftbedarf benachteiligt waren. Trotzdem sollte man aber bestrebt sein, auch von dieser Leuchtkraftnorm abzugehen, denn die doppelte Norm für Leuchtkraft und Heizwert würde den Gaswerken den Betrieb erschweren und würde es ihnen nicht ermöglichen, Gas von jener Qualität zu liefern, wie es für die Konsumenten am günstigsten ist.

---

[1]) Journ. f. Gasbel. 1910 S. 855.
[2]) 1910 S. 658, Journ. f. Gasbel. 1910 S. 725.
[3]) Journ. of Gaslightg. 1910 S. 30. Journ. f. Gasbel. 1910 S. 315.
[4]) Journ. f. Gasbel. 1910 S. 20.
[5]) Journ. f. Gasbel. 1910 S. 945.

Gaswerke mit großer Höhenlage, wie z. B. jenes von Innsbruck, müssen zufolge des geringeren Luftdruckes ein noch reicheres Gas abgeben als die in normalen Höhen gelegenen Gaswerke, denn das Gas wird den Konsumenten dort in verdünntem Zustande zugemessen[1]).

**Koksofengas.** Die Verteilung von Koksofengas aus den Kokereien nach naheliegenden Städten macht in Westfalen weitere Fortschritte, so hat B a r m e n[2]) einen Vertrag mit der Firma T h y s s e n & C o. geschlossen, laut welchem vom 1. April 1911 ab die gesamte Gaslieferung von der Firma zu einem Preise erfolgt, der niedriger ist, als die jetzigen Gestehungskosten, so daß die Stadt Barmen einen jährlichen Überschuß von M. 100 000 erwartet. Es ist aber auch das Projekt in ernste Erwägung gezogen, alle westfälischen Städte mit dem Koksofengas zu versorgen, welches die dortigen Kokereien überschüssig haben. F ö r s t e r[3]) erwähnt eine statistische Zusammenstellung, wonach im Oberwerksbezirksamt Dortmund im Jahre 1908 täglich 60 000 t Kohlen verkokt wurden. Bei einer Ausbeute von 290 cbm pro Tonne könnten je 85 cbm Reichgas abgegeben werden, während der Rest zur Beheizung der Koksöfen erforderlich ist. Würden alle Kokereien in dieser Weise vorgehen, so ständen täglich über 5 Mill. cbm Reichgas zur Verfügung und die rheinisch-westfälischen Kokereien wären dann in der Lage, die gesamte Jahresabgabe aller Städte der Rheinprovinz, die im Jahre 1907 230 Mill. cbm betrug, innerhalb dreier Monaten zu decken. Rechnet man den Kubikmeter mit 2 Pf., so würden dadurch dem Nationalvermögen jährlich 20 Mill. M. zufließen.

**Ölgas.** H e m p e l[4]) veröffentlichte eine ausführliche Untersuchung über die Wertbestimmung der Gasöle. Bisher verwendete man zur Probevergasung im Laboratorium den Apparat von W e r n e c k e oder man berechnete die Wertzahl nach der empirischen Zusammensetzung mit Hilfe der Formeln von H i r z e l und H e l f e r s[5]). Er verweist auf die Arbeiten von B e r t h e l o t , L o u i s , H a b e r[6]), S a m o y l o w i c z , O e c h e l h a e u s e r und E. M ü l l e r. Die Hauptbestandteile der Gasöle sind gesättigte und ungesättigte Kohlenwasserstoffe, mit 10 bis 23 Atomen Kohlenstoff im Moleküle. H a b e r folgerte aus seinen Untersuchungen, daß nicht eine Wasserstoffabspaltung bei der Vergasung, sondern eine Wasserstoffverschiebung eintrete, indem sich gleichzeitig Methan, Äthan und Äthylen abspalte. Die Abspaltung der endständigen Glieder tritt als Hauptreaktion in den Vordergrund. Sie ist mit keiner wesentlichen Kohlenstoffabscheidung verbunden. Die zurückbleibenden ungesättigten Reste kondensieren sich. Die entstandenen Gase sind jedoch unstabil und liefern bei ihrem Zerfall Wasserstoff. Zufolge der Abspaltung einatomiger Endgruppen enthält das Ölgas beträchtliche Mengen von Methan, das aus einem Gas mit höherem Kohlenstoffgehalt in größerem Umfange nicht entstanden sein kann. Mischt man bei der Vergasung Wasserstoff bei, so steigern sich die Ausbeuten an Methan, Äthan und Äthylen.

Der W e r n e c k e sche Apparat (Fig. 24) gibt bei ein und demselben Öl oft verschiedene Resultate, so wurde als Produkt von Gasausbeute und Leuchtkraft bei Messelner Öl im Temperaturgebiet von 832 bis 711° eine Wertzahl von 12 600 bis 19 500 erzielt. Die Resultate sind von der Temperatur stark beeinflußt. Der W e r n e c k e sche Apparat hat den Fehler, daß keine genügend großen Flächen von konstanter Temperatur vorhanden

---

[1]) P e i s c h e r , Journ. f. Gasbel. 1910 S. 119.
[2]) Journ. f. Gasbel. 1910 S. 338.
[3]) Journ. f. Gasbel. 1910 S. 385.
[4]) Journ. f. Gasbel. 1910 S. 53, 77, 101, 137.
[5]) Journ. f. Gasbel. 1897 S. 281; siehe auch L u n g e: Untersuchungsmethoden.
[6]) Journ. f. Gasbel. 1896 S. 377.

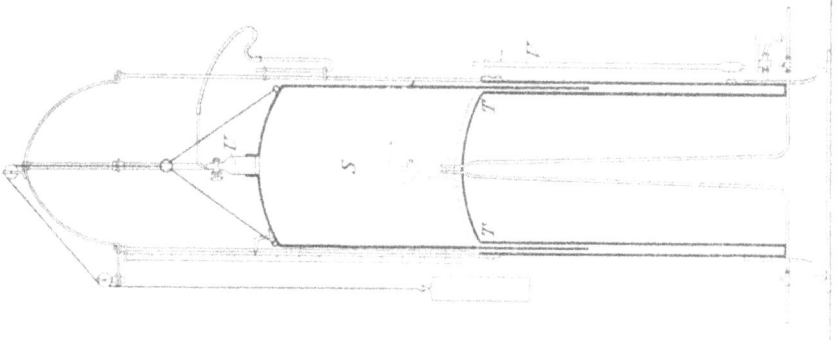

Fig. 26.

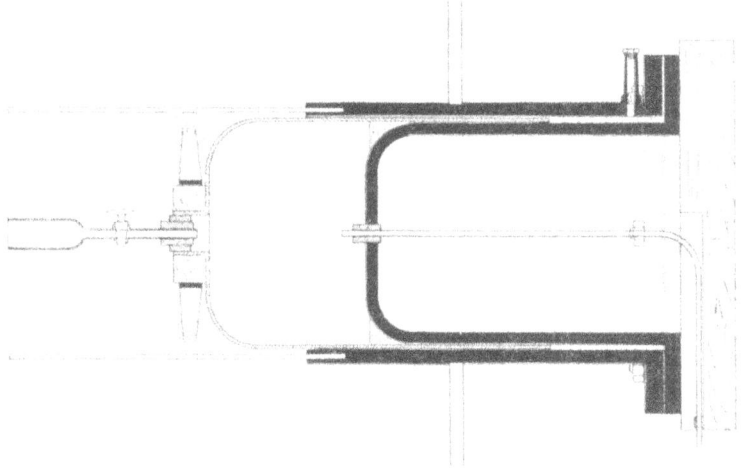

Fig. 25.

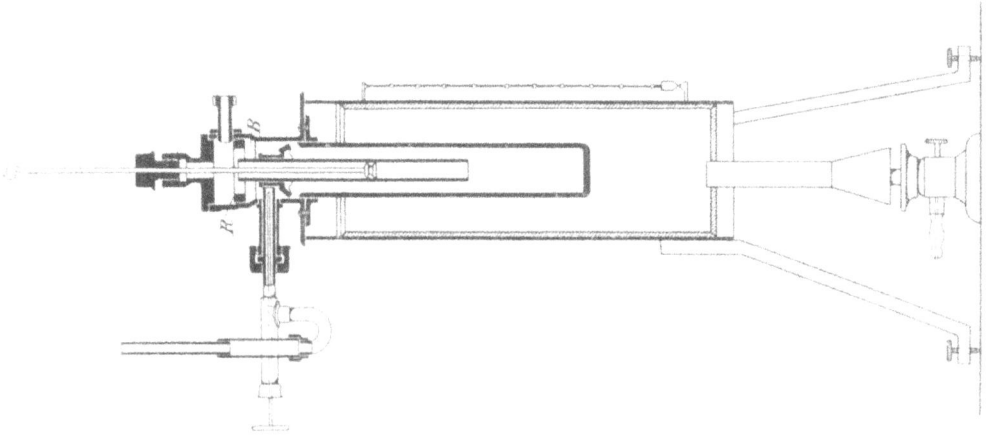

Fig. 24.

sind und kein ausreichender Inhalt da ist, in welchem das Gas genügend lange erhitzt wird. Es wurden daher Versuche mit einem Apparat ausgeführt, welcher eine große Oberfläche von konstanter Temperatur und ausreichender Länge aufweist. Die Untersuchungen ergaben nur geringe Unterschiede der Öle. Jedoch eine weitgehende Abhängigkeit der Vergasung von der Vergasungstemperatur. Auch diese Versuche zeigten, daß die Elementaranalyse für die Beurteilung des Öles nicht ausreicht.

Bei Vergasung im Kohlenoxyd- oder Stickstoffstrom sinkt der Prozentgehalt des Gases an Methan, während sich der Gehalt an Äthylen steigert, so daß sich eine Erhöhung der Leuchtkraft ergibt. Bei den Vergasungen im Wassergasstrom bei einer Temperatur von 740 bis 880° wurde Wasserstoff im großen Umfange an die Spaltprodukte angelagert und wurde aus dem Öle selbst kein Wasserstoff mehr abgespalten. Die Teerbildung verminderte sich. Der Gewinn an Energie im erhaltenen Gas steigerte sich dabei um 15% der Verbrennungswärme des reinen Öles.

Die Vergasung wurde bei diesen Versuchen in einem eisernen Rohr vorgenommen. Das Gas wurde entweder in einer Gasglocke, die gemäß Fig. 26 dem Gase wenig Berührungsfläche mit dem Wasser gibt oder in einer über Quecksilber schwimmenden Glocke (Fig. 25) aufgefangen. Pechelbronner Gasöl gab nachstehende Resultate:

Vergasungstemperatur . . . . . . . . . . . . . . . . . 782°
Vergasungsgeschwindigkeit . . . . . . . . . . . . . 0,98 l pro Minute
Teer aus 100 g Öl . . . . . . . . . . . . . . . . . 32,38 g
Koks » 6 » » . . . . . . . . . . . . . . . . . 3,63 g
Gas » 6 » » (0° trocken) . . . . . . . . . . 60,13 l
Leuchtkraft bei 35 l Verbrauch (0° trocken) . . . . 10,26 HK
Spezifisches Gewicht, unkorrigiert . . . . . . . . . 0,7182

Die Zusammensetzung des Gases war folgende:

$CO_2$ . . . . . . . . . . . . . . 0,38 %
CO . . . . . . . . . . . . . . 0,50 »
CnHm . . . . . . . . . . . . 26,37 »
$CH_4$ . . . . . . . . . . . . 42,78 »
$C_2H_6$ . . . . . . . . . . . . 6,43 »
$H_2$ . . . . . . . . . . . . 18,48 »
$N_2$ . . . . . . . . . . . . 4,17 »
$O_2$ . . . . . . . . . . . . 0,89 »

Das Gas hatte einen oberen Heizwert von 10 809 Kal. und einen unteren Heizwert von 9861 Kal., beide auf 0° bezogen.

Im ganzen wurden 14 verschiedene Öle untersucht. Die Teerproduktion wechselte zwischen 27 und 49% und war am höchsten bei rumänischem Öl. Eine reichliche Teerbildung ging auf Kosten der Gasausbeute. Die Heizwerte bewegen sich zwischen 11 400 und 12 600 oberem und 10 400 und 11 600 unterem Heizwert. Im Intervall zwischen 711 und 832° steigt die Gasausbeute mit der Temperatur. Leucht- und Heizwert nehmen jedoch gleichzeitig ab. Die Effektzahlen, d. h. Gasausbeute mal Heizwert bleiben innerhalb 80° Vergasungstemperatur konstant. Bei Erhöhung der Temperatur ergab sich eine umfangreiche $CH_4$-Abspaltung. Bei 880° ist das Optimum der Vergasungsmöglichkeit bereits überschritten. Die nachstehenden Zahlen geben eine Übersicht über die erhaltenen Resultate:

| Ursprung der Öle | % H | Überprozent H, Grundziffer 7 | OS Stärkegrade | Mittl. Effektzahl aus norm. Vergasung bei 740—790° |
|---|---|---|---|---|
| Galiz. Gasöl B . . . . . . . . | 12,98 | 5,98 | 60 | 642 |
| Pechelbronner Gasöl P . . . . . . | 12,97 | 5,97 | 60 | 663 |
| Galiz. Gasöl A . . . . . . . . | 12.94 | 5,94 | 60 | 644 |
| Gasöl aus schwerem Wietzer Rohöl . . | 12,88 | 5,88 | 59 | 657 |
| Messelner Gasöl von 1908 . . . . . | 12,85 | 5,85 | 59 | 656 |
| » » » 1907 . . . . . | 12,75 | 5,75 | 58 | 599 |
| Gasöl aus leichten Wietzer Rohöl . . . | 12,73 | 5,73 | 57 | 646 |
| Rumänisches Gasöl A . . . . . . | 12,25 | 5,25 | 53 | 555 |
| » » B . . . . . . . | 12,05 | 5,05 | 51 | 539 |
| Gasöl der Montanwerke Riebeck . . . | 11,95 | 4,95 | 50 | 550 |
| Paraffinöl Riebeck . . . . . . . | 11,35 | 4,35 | 44 | 511 |
| Borneo Residue (Liquid Fuel) . . . . | 11,33 | 4,33 | 43 | 495 |

Über die Gewinnung von Gas aus Gasöl und Wassergasteer, die schon im letzten Jahresberichte erwähnt wurde, berichtete neuerdings Neuerdenburg[1]). Es wird ein Gemisch von Gasöl und Wassergasteer auf glühenden Koks, der in einem Generator durch $1\frac{1}{2}$ bis 2 Minuten dauerndes Warmblasen zum Glühen gebracht wird, gespritzt. Die Gaseperiode dauert 2 bis 3 Minuten. Ein Apparat von 20 000 cbm Tagesleistung wurde in Utrecht ausgeführt. Soll das Gas für Luftschiffahrt verwendet werden, so wird die Temperatur im Generator erhöht und wurden nach diesem Verfahren von Rincker und Wolter aus 100 kg eines Gemisches von $\frac{2}{3}$ Gasöl und $\frac{1}{3}$ Wassergasteer 160 cbm Ballongas mit 85% $H_2$ und 0,16 spezifischem Gewicht erhalten.

Ein eigenartiger neuartiger Ölgaserzeuger ist von Davies und Benche[2]) angegeben worden. Das Öl wird bei diesem in einer Retorte entgast, indem gleichzeitig Luft in die Retorte eingeblasen wird. Dadurch findet eine weitgehendere Zersetzung der Kohlenwasserstoffe statt. Die Beheizung erfolgt durch Öl. Aus 2899 l Öl wurden 117,5 cbf Gas erzeugt und für die Beheizung der Retorten 994 l Öl gebraucht. Die Kosten betrugen pro 1000 cbf 1 Schilling.

**Azetylen.** Gemäß des Berichtes des bayerischen Revisionsvereins[3]) ist in der Beleuchtung mit Azetylen kein wesentlicher Fortschritt zu verzeichnen, dagegen gewinnt die Verwendung des Azetylens zu technischen Zwecken an Bedeutung. Leider sind wieder durch vier Explosionen in Azetylenanlagen mehrere Menschen getötet worden. Der günstigste Azetylenverbrauch beträgt 0,2 Std./l auf 1 HK mittlerer horizontaler Lichtstärke. Steil[4]) berichtet über einen neuen Azetyleninvertbrenner, der von der Bamag für die Waggonbeleuchtung eingeführt wurde. Zur Speisung desselben wird Azetylen dissous verwendet, welches unter einem Druck von 250 mm in der Lampe verbrennt. Der spezifische Verbrauch beträgt auch hier ca. 0,2 l pro HK-Stunde und wird durch diese Anordnung eine Dauer des Vorrates auf 2 bis 3 Monate erreicht.

Eine unrichtige Reinigung des Azetylens hat schon wiederholt zu Explosionen geführt. Werden chlorkalkhaltige Massen zur Reinigung verwendet, so kann zufolge eines

---

[1]) The Ing. 1909. Het Gas 1909 Nr. 9 S. 363. Journ. f. Gasbel. 1910 S. 17. Gas-World Nr. 311 S. 283.

[2]) Zeitschr. d. österr. Gasver. S. 233 1910.

[3]) Zeitschr. d. bayer. Revisionsver. 1910 S. 95. Zeitschr. d. österr. Gasver. 1910 S. 295.

[4]) Karbid und Azetylen 1910 S. 18. Journ. f. Gasbel. 1910 S. 190.

Chlorgehaltes des Azetylens Explosion eintreten[1]). Ungefährliche Massen sind dagegen das »Heratol«, welches durch Aufsaugen einer 7- bis 9 proz. Lösung von Chromsäure durch Kieselgur erhalten wird[2]). Ebenso ungefährlich ist auch das »Puratylen«, welches von der G o l d - und S i l b e r s c h e i d e a n s t a l t in Frankfurt a. M. geliefert wird.

Einen Vergleich der Anlagekosten und des Ertrages von Azetylen-, Luftgas- und Steinkohlengasanlagen gibt B u s c h[3]). Aus der nachstehenden Tabelle geht hervor, daß der Reingewinn von Steinkohlengasanlagen auch bei kleinen Werken ein günstiger ist. Auch Luftgasanlagen rentieren nach diesen Angaben besser als Azetylenanlagen.

| | Einwohner-zahl | Anlagekapital in M. | Gaserzeug. in m 3 | Heizwert in Mill. Kal. |
|---|---|---|---|---|
| Steinkohlengas . . | 32,295 | 1,427 000 | 1.256 500 | 6282,5 |
| Luftgas . . . . | 17,463 | 507 000 | 567 300 | 1401,9 |
| Azetylen . . . . | 23,328 | 480 000 | 46 778 | 588,1 |

| | Abgabe pro Kopf in 3 | Angabe pro Kopf an Heiz wert Kal. | Abgabe pro M. 1. Anlage-kapital an Heizw. in Kal. |
|---|---|---|---|
| Steinßohlengas . . | 38,9 | 194,500 | 4426 |
| Luftgas . . . . | 26,8 | 80 400 | 2765 |
| Azetylen . . . . | 2,0 | 26,000 | 1225 |

Die hohe Zersetzlichkeit des Azetylens wird bekanntlich in der K a r b o n i u m f a b r i k in Friedrichshafen zur Erzeugung von Ruß verwendet. Der dabei abfallende Wasserstoff wird zur Ballonfüllung an die Zeppelingesellschaft abgegeben. Die Zersetzung wird durch Erhitzen von komprimiertem Azetylen hervorgerufen. Der außerordentlich hohe Druck, welcher dabei entsteht, hat zu einer sehr heftigen Explosion geführt[4]). Trotzdem ist das Werk wieder aufgebaut worden und wird die Fabrikation unter erneuten Vorsichtsmaßregeln weiter betrieben werden.

**Naturgas.** Im Mutterlande des Naturgases, Amerika, werden immer mehr und mehr Städte selbst auf größere Entfernungen hin mit Naturgas versorgt. So wird neuerdings B a l t i m o r (600 000 Einwohner) auf eine Entfernung von 320 km von West-Virginia aus versorgt[5]). Nunmehr hat man aber auch in Europa einige Naturgasquellen entdeckt, welche jenen in Amerika an Leistungsfähigkeit kaum nachstehen dürften. Zu den bisher bekannten Quellen B a r i g a z o bei Modena, in P i e t r a M a l a , zwischen Bologna und Florenz, in Rumänien auf den galizischen Petroleumfeldern, in P e c h e l b r o n n und S z i g e t haben sich die bedeutenden Naturgasausbrüche von N e u e n g a m m e bei Bergedorf nächst Hamburg und in M a r m a r o s in Ungarn gesellt[6]). Durchschnittlich beträgt die Dauer der hohen Leistungsfähigkeit einer Erdgasquelle in Amerika zwei Jahre. Es kommen jedoch auch Quellen mit zehnjähriger Dauer vor. Oft treten Verstopfungen durch Salz- oder Paraffinablagerungen ein. In einzelnen Fällen hat man schon 90 Jahre lang ununter-

[1]) Zeitschr. d. bayer. Revisionsver. Heft 2 S. 20. Zeitschr. d. österr. Gasver. 1910 S. 99.
[2]) Wird von L a n d s b e r g e r & C o. in Mannheim B 520 geliefert.
[3]) Journ. f. Gasbel. 1910 S. 141.
[4]) Journ. f. Gasbel. 1910 S. 749.
[5]) I r a R e m s e n , Journ. f. Gasbel. 1910 S. 1147.
[6]) Zeitschr. d. österr. Gasver. 1910 S. 582.

brochen Gasaustritt konstatiert, und wurden von einzelnen Quellen bis zu 320 000 cbm pro Tag geliefert. Witterung und Barometerstand sind für den Gasaustritt von Bedeutung. In den Vereinigten Staaten werden jährlich 1300 Mill. cbm Erdgas im Werte von 95 Mill. M. gewonnen, in M a r i o n (Indiana) wird mit Hilfe der bei der Expansion des Gases eintretenden Abkühlung Eis erzeugt.

In Ungarn ist eine Gesetzvorlage eingebracht worden, wonach dem Staate nicht nur das Petroleummonopol, sondern auch ein Monopol auf die Ausnutzung des Erdgases eingeräumt werden soll[1]).

Auch in Heatfield (Sussex) wurde eine Naturgasquelle entdeckt, mittels welcher ein Bahnhof und ein Hotel beleuchtet wurde. Die Gesellschaft, welche zur Ausnutzung dieser Quelle gebildet wurde, wurde aber bald wieder aufgelöst.

**Generatorgas und Halbwassergas.** Die Entfernung oder Verminderung des Kohlensäuregehaltes von Generatorgas ist bereits wiederholt Gegenstand von Patenten gewesen. Gewöhnlich wird die Kohlensäure vermittelst des Durchleitens durch glühenden Koks zu Kohlenoxyd reduziert. D o h e r t y[2]) empfiehlt neuerdings dieses Verfahren, indem er den Luftstrom im Generator von oben nach unten leitet und so das frisch aufgegebene Material an der heißesten Verbrennungszone verkokt, wobei die abdestillierenden Kohlenwasserstoffe durch den glühenden Koks zersetzt und die $CO_2$ zu $CO$ reduziert wird.

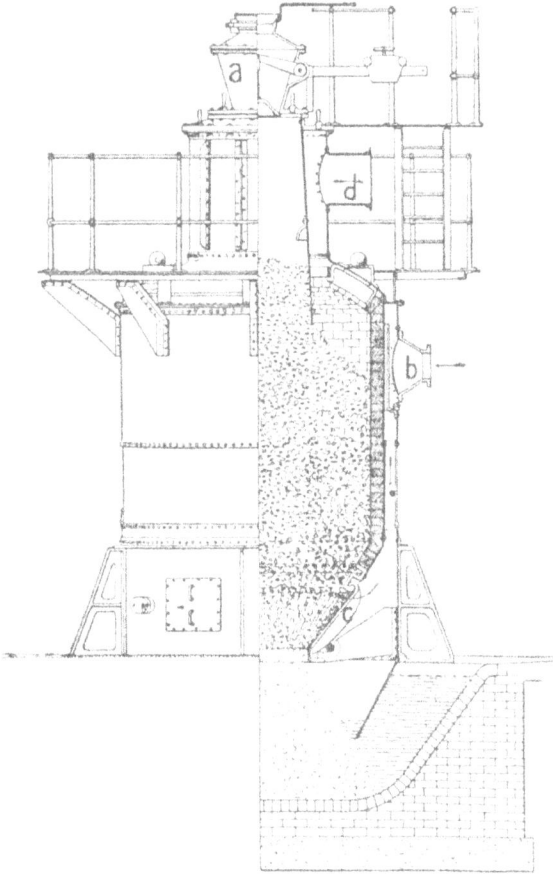

Fig. 27.

F r a n k und C a r o[3]) haben das M o n d sche Verfahren der Vergasung der Kohle unter Zuführung reichlicher Mengen von Wasserdampf, wobei eine hohe Ammoniakausbeute erzielt wird, für die Verwertung von Torf weiter ausgebildet. Es hat sich in Köln eine Gesellschaft zur Ausbeutung dieses Verfahrens gebildet. H a b e r[4]) berichtete über die Entwicklung dieses Verfahrens. Der Generator, Fig. 27, ist aus zwei ringförmigen Mänteln zusammengesetzt und besitzt in seinem unteren Teile einen Treppenrost, durch den überhitzte Luft zugeführt wird. Die Überhitzung erfolgt durch das heiß abziehende Gas in einem

---

[1]) Zeitschr. d. österr. Gasver. 1910 S. 510.
[2]) Journ. f. Gasbel. 1910 S. 1200.
[3]) Zeitschr. d. österr. Gasver. 1910 S. 510.
[4]) Zeitschr. d. österr. Gasver. 1910 S. 294. Journ. f. Gasbel. 1910 S. 421.

Rekuperator. Die Zufuhr des Brennstoffes erfolgt durch eine Gichtglocke. Das Gas wird zunächst in einem Turm mit Schwefelsäure gewaschen, welche das Ammoniak aufnimmt und danach durch einen mit Wasser berieselten Turm vollständig gereinigt. Dieses Wasser, welches sich dabei erwärmt, wird auf einen anderen Turm gepumpt, durch den die Gebläseluft streicht. Diese sättigt sich dabei mit Wasserdampf, während sich das Wasser abkühlt und wieder zur Waschung des Gases verwendet wird. Es kann Torf von 60 bis 70% oder Braunkohle von 50 bis 60% Wassergehalt verwendet werden. Der Nutzeffekt der Gasgewinnung beträgt 75 bis 85% des Heizwertes der angewendeten Brennstoffe. Die Ammoniakausbeute beträgt:

bei englischer Kohle  . . . . . . . . . 40,2 bis 44,7 kg Sulfat pro Tonne  
bei Torf . . . . . . . . . . . . . . . 31,2 »  33,8 »  »  »  »  
bei Braunkohle . . . . . . . . . . .  17,8 »  »  »  »  

bei einem N-Gehalt des Torfes von 1,25% stellen sich die Herstellungskosten des Kraftgases unter Berücksichtigung des sich aus dem Ammoniakverkauf ergebenden Gewinnes auf Null. Die Zusammensetzung des Gases ist nach H a b e r s Angaben:

$CO$ . . . . . . . . . . . . . . 11,0 %  
$CO_2$ . . . . . . . . . . . . . 16,5 %  
$H_2$ . . . . . . . . . . . . . 27,5 %  
$CH_4$ . . . . . . . . . . . . . 3,0 %  
$N_2$ . . . . . . . . . . . . . 42,0 %  

Heizwert ohne Nebenproduktgewinnung . . . . . . . . . . . 1506 Kal.  
  »    mit           »        . . . . . . . . . 1462 »

In der Zentrale Dudleypark wird das Gas zu 0,44 bis 0,75 Pf. pro Kubikmeter abgegeben.

H o f m a n n[1]) berichtet ausführlich über die neuesten Generatortypen. Ein wesentlicher Fortschritt bedeutet der K e r p e l y - Generator, dessen Merkmale der Wasserabschluß und der exzentrische Kernrost bilden.

In neuerer Zeit legt man Wert darauf, die Vergasung des Kohlenstoffs mit möglichst geringer Wasserdampfzufuhr durchzuführen, um den Wärmeverlust durch überschüssigen Wasserdampf zu vermeiden.

v. I h e r i n g[2]) hat eine ausführliche Wärmebilanz an einer mit Braunkohlenbriketts betriebenen Sauggasmotorenanlage durchgeführt.

Der Heizwert der Briketts betrug 4685 Kal. Der Brennstoffverbrauch für die effektive Pferdekraftstunde betrug 0,5415 kg, was ein außerordentlich günstiges Resultat darstellt. Die mittlere Zusammensetzung des Gases war:

$CO_2$ . . . . . . . . . . . . . . . 9,4%  
$O_2$ . . . . . . . . . . . . . . . . 0,1 »  
$CO$ . . . . . . . . . . . . . . . . 20,1 »  
$H_2$ . . . . . . . . . . . . . . . . 15,6 »  
$CH_4$ . . . . . . . . . . . . . . . 1,7 »  

Der untere Heizwert betrug 1156 Kal., der thermische Wirkungsgrad des Generators 77,5%. Für eine effektive Pferdekraftstunde wurden 1993 Kal. verbraucht. Der thermische Wirkungsgrad der Maschine war daher 31,7%. Der mittlere Gesamtwirkungsgrad der Anlage stellte sich auf rd. 25%. Bei dem mit höchstem thermischen Wirkungsgrad begabten Diesel-

---

[1]) Journ. f. Gasbel. 1910 S. 836.  
[2]) Journ. f. Gasbel. 1910 S. 445.

motor beträgt nach neueren Versuchen an einer Maschine von 128 effektiven Pferdekräften der Wärmeverbrauch für 1 effektive HP-Stunde 2024 Kal., ist also ungünstiger als der mit obiger Anlage erzielte.

**Wassergas, Mischgas, Karburieröle.** Es haben sich zwei verschiedene Methoden des Wassergaszusatzes in Steinkohlengaswerken ausgebildet. Ein Teil der Gasfachmänner ist der Ansicht, daß das Wassergas, um den gleichen Heizwert im Mischgase wie im Steinkohlengase zu erhalten, nur im karburierten Zustande zugesetzt werden darf. Will man aber das Wassergas auf den vollen Heizwert aufkarburieren, so kommt nur die Ölkarburation in Betracht und in Deutschland ist das Karburieröl zufolge des hohen Zolles so teuer, daß dadurch die Selbstkosten des ölkarburierten Wassergases etwas höher werden als die Selbstkosten des Steinkohlengases. Demzufolge wird dann die Wassergasanlage nur in Betrieb genommen, um die Unregelmäßigkeiten des Konsums auszugleichen und in Fällen des dringenden Gasbedarfes oder bei Streiks rasch eine große Gasmenge liefern zu können. In diesen Fällen ist der Betrieb der Wassergasanlage auch schon wegen der geringen Beanspruchung ein vollständig unrationeller, und man wird dadurch in der Meinung gestärkt, daß die Wassergasanlagen nur eine zweckmäßige Reserve darstellen und nur zur gleichmäßigeren, daher wirtschaftlicheren Betriebsweise der Steinkohlengasproduktion führen.

Der andere Teil der Gasfachmänner und das sind besonders jene, die auch den Betrieb mit unkarburiertem Wassergas gründlich kennen, ist der Ansicht, daß es bedeutend wichtiger sei, das Gas mit einem stets gleich bleibenden Heizwert abzugeben, daß jedoch der Heizwert als solcher wesentlich herabgesetzt werden könne und 5000 (oberer, $0^0$, trocken) nicht zu überschreiten brauche, wenn nur die Gleichmäßigkeit des Heizwertes gewährleistet sei. In Werken, die nach diesem Prinzip geleitet werden, setzt man unkarburiertes Wassergas gleichmäßig während des ganzen Jahres zu und ändert den Wassergaszusatz nur dem jeweiligen Heizwert des Mischgases entsprechend, um diesen auf stets gleichbleibender Höhe zu erhalten. Da nun das unkarburierte Wassergas ungefähr die Hälfte des Steinkohlengases kostet, werden bei dieser Betriebsweise durch den ständigen Wassergaszusatz bedeutende Ersparnisse erzielt und dies rechtfertigt anderseits wieder das Bestreben eines gleichmäßigen aber möglichst hohen Zusatzes an unkarburiertem Wassergas, verursacht einen gleichmäßigen Betrieb der Wassergasanlage und daher die größtmöglichste Wirtschaftlichkeit im Betriebe derselben.

Diese beiden verschiedenen Betriebsweisen haben auch für die Gaskonsumenten Interesse. Das ölkarburierte Wassergas hat ein wesentlich höheres spezifisches Gewicht als das Steinkohlengas. Das unkarburierte Wassergas steht in der Mitte zwischen beiden. Aus den Düsen der Brenner strömt bei gleichem Druck um so weniger Gas aus, je höher das spezifische Gewicht ist. Werden also wechselnde Mengen von ölkarburiertem Wassergas dem Steinkohlengas beigemischt, so verbrauchen die Brenner bei gleichem Druck wechselnde Mengen von Gas und dementsprechend wird die Flamme länger oder kürzer, hat einen wechselnden Luftbedarf und gibt daher Störungen im Gasglühlicht. Wird dagegen unkarburiertes Wassergas dauernd zugesetzt, so ist einesteils die Änderung im spezifischen Gewicht keine so bedeutende und anderseits wird durch den gleichmäßigen Wassergaszusatz auch das spezifische Gewicht k o n s t a n t gehalten, so daß Störungen an den Brennern überhaupt nicht auftreten, wenn dieselben, dem spezifischen Gewicht und Luftbedarf des Gases entsprechend, einmal eingestellt sind. Dies hat zur weiteren Folge, daß das ölkarburierte Wassergas bei den Konsumenten häufig Störungen hervorruft, die zu einer weiteren Einschränkung des Wassergaszusatzes führen, während beim Zusatz unkarburierten Gases in gleichmäßiger Weise zufolge der dauernden Zufriedenheit der Konsumenten und der Betriebsersparnisse im Gaswerk der Wassergaszusatz immer mehr und mehr gesteigert wird.

Natürlich treten auch Störungen an den Brennern ein, wenn unkarburiertes Wassergas in unregelmäßigen Prozentsätzen dem Steinkohlengas zugesetzt wird. So hat z. B. D e b r u c k [1]) gezeigt, daß beim Betriebe der Wassergasanlage in Düsseldorf, die für 85000 cbm Produktion eingerichtet ist, und in der nur 15 000 cbm Wassergas maximal täglich erzeugt wurden, der Betrieb kein rationeller ist, deshalb sind auch seine Berechnungen, welche die Wassergaserzeugung in einer besonderen Anlage vergleichen mit der Wassergaserzeugung in der Vertikalretorte, nicht maßgeblich. Dort liegen die Verhältnisse für den nassen Vertikalofenbetrieb besonders günstig, weil der Dampf für die Wassergaserzeugung kostenlos durch Benützung der Abhitze der Öfen erzeugt wird. Ob dies gerade vorteilhaft ist, ist noch nicht sichergestellt, weil die Ofenregulierung dadurch erschwert wird. D e b r u c k gibt an, daß der Naßbetrieb im Vertikalofen 1,0% an Unterfeuerung mehr benötigt, als der Trockenbetrieb. Bei der ungleichmäßigen Betriebsweise der Wassergasanlage, die so wenig benutzt wird, daß an 6 proz. Verzinsung und Abschreibung allein schon M. 11,74 auf 1000 cbm Wassergas entfallen, betragen die Gesamtkosten pro 1000 cbm Wassergas M. 29,65. In den Vertikalöfen wurde eine Koksausbeute von 71,5 bis 72,5% erzielt und waren an Unterfeuerung 16,0% nötig, die sich bei Naßbetrieb auf 17% steigerten. D e b r u c k gibt die Anlagekosten eines Vertikalofens mit M. 28 000 an. Die Wassergasanlage, welche auf eine Tagesleistung von 86 000 cbm ölkarburiertem Wassergas eingerichtet ist, kostet M. 311 000. Er gibt dabei allerdings zu, daß sich die Anlagekosten auf nur M. 85 000 gestellt hätten, wenn die Anlage der derzeitigen Betriebsweise entsprechend, nur für 15 000 cbm Tagesleistung eingerichtet worden wäre. Es kommt noch dazu, daß die Wassergasanlage überhaupt nur durch 120 Tage im Jahr betrieben wird, wovon nur 90 Tage mit vollen 15 000 cbm arbeiten. Die Anlage ist somit nur auf ein Zehntel ihrer Gesamtleistung beansprucht. Unter solchen Umständen ist es wohl verständlich, daß sich die 1000 cbm Wassergas teurer stellen, als die gleiche Menge des durchaus gleichmäßig erzeugten Steinkohlengases. Dieses stellt sich auf M. 26,21 pro 1000 cbm. Ein Mischgas mit 13,9% Wassergasgehalt kostet nach diesen Angaben in Düsseldorf M. 26,29, während beim Naßbetriebe in Vertikalretorten ein Mischgas mit M. 24,07 pro 1000 cbm erhalten wird.

D e b r u c k meint ferner, die Wassergasanlagen würden doch immer nur im Winter betrieben. Schon dies zeigt, daß er über den rationellen Betrieb einer Wassergaszusatzanlage, wie er z. B. in Nürnberg geübt wird, nicht unterrichtet ist, und daß ihm auch die vorzüglichen Resultate, die beim gleichmäßigen Zusatz von Wassergas im Sommer und im Winter an so vielen anderen Orten wie z. B. Elberfeld, Königsberg, Plauen, Pforzheim usw. nicht bekannt sind. Die großen Vorzüge, welche die Wassergasanlage zufolge der Dehnbarkeit ihres Betriebes hat, schreibt D e b r u c k teilweise auch dem Naßbetriebe der Vertikalöfen zu, da sich durch denselben eine 16 proz. Gasproduktionssteigerung ergäbe. Diese Angabe ist aber wohl doch so aufzufassen, daß die Wasserdampfzufuhr überhaupt gegenüber dem Trockenbetrieb eine 16 proz. Steigerung ergibt, daß also diese Steigerung nicht auf die V a r i a t i o n im Naßbetriebe zurückgeführt werden kann.

In der Diskussion, welche dem Vortrage D e b r u c k s folgte, hob K ö r t i n g hervor, daß die Wassergasanlage keine Ersparnis an Arbeitslöhnen gegenüber dem Vertikalofen bedeute, denn im letzteren erzeuge ein Mann 11 000 cbm, was bei Wassergasanlagen nicht zu erreichen sei. Aus diesem Grunde bedeute auch die Vertikalofenanlage eine Reserve für Streikfälle. K ö r t i n g übersieht allerdings dabei, daß die Reserve nicht nur in der Bedienungsmannschaft liegt, sondern in der Betriebsbereitschaft. Eine Vertikalofenanlage braucht Wochen, ehe sie aus dem kalten Zustande in normalen Betrieb kommt, eine Wasser-

---

[1]) Journ. f. Gasbel. 1910 S. 409.

gasanlage dagegen nur wenige Stunden. Als Reserve für Streikfälle im Sinne, wie dies bei Wassergasanlagen der Fall ist, kann daher eine Vertikalofenanlage nicht in Betracht kommen.

Förster hob in dieser Diskussion hervor, daß die selbständige Wassergasanlage auch eine Reserve für die Kohlenarbeiterstreiks darstelle, weil sie ja keine Kohle, sondern Koks zur Gaserzeugung benötige. Kordt tadelte die Unregelmäßigkeiten, die beim Zusatz von Wassergas in den Brennern eintreten. Diesbezüglich muß auf das eingangs Erwähnte hingewiesen werden, wonach naturgemäß ein Flackern eintreten muß, wenn Wassergas in unregelmäßiger Weise dem Steinkohlengas beigegeben wird. v. Oechelhaeuser hob hervor, daß der Naßbetrieb die Haltbarkeit der Retorten der Vertikalöfen günstig beeinflusse. Schnorrenberg betonte gegenüber dem Vortrag Debrucks, daß die Wassergasanlage eben gerade bei dauernder Benutzung von wirtschaftlicher Bedeutung sei und einen Regulator des ganzen Gasbetriebes darstelle.

Terhaerst[1]) wendete sich mit Recht dagegen, daß die von Debruck angegebene Betriebsweise einer Wassergasanlage mit dem Wassergasbetrieb in der Vertikalretorte verglichen werde. Der Fehler, welcher in der Wassergaserzeugung, wie sie Debruck vorführt, gemacht wurde, liegt in der ungleichmäßigen und seltenen Benutzung der Wassergasanlage. Terhaerst tritt für den gleichmäßigen Zusatz von Wassergas ein, wie er sich in Nürnberg seit Jahren bewährt hat, und große wirtschaftliche Vorzüge mit sich bringt. Allerdings müssen die Glühlichtbrenner, wenn man vom reinen Steinkohlengasbetrieb auf einen Mischgasbetrieb mit unkarburiertem Wassergas übergeht, neu einreguliert werden, aber bei einem allmählichen Zusatz von unkarburiertem Wassergas erfolgt diese Regulierung bei den Konsumenten teils durch diese selbst, teils durch die Installateure, da ja bei jeder Reinigung des Brenners auf die beste Lichtstärke eingestellt wird und demgemäß die Düse und die Luftzufuhr richtig einreguliert werden. Zweckmäßig ist es auch, den Druck beim Zusatz von Wassergas etwas zu erhöhen, damit die Gasmenge, welche aus den Brennerdüsen austritt, bei dem Gase von höherem spezifischen Gewicht die gleiche bleibe. Unter Anwendung dieser Vorsichtsmaßregel und bei gleichmäßigem Zusatz von unkarburiertem Wassergas derart, daß der Heizwert um nicht mehr als 5% schwankt, läßt sich, wie das Beispiel von Nürnberg zeigt, ein Zusatz von 20 bis 30% ohne jede Störung an den Brennern erzielen. Auch das unkarburierte Wassergas trägt ebenso wie das karburierte zur Entfernung des Naphthalins aus dem Rohrnetz bei, da es eben der Tension des Naphthalins entsprechend vom Wassergas aufgelöst wird.

Auch gelegentlich der Versammlung der niederländischen Gasfachmänner in Brüssel[2]) wurde hervorgehoben, daß der regelmäßige Wassergaszusatz entschieden vorzuziehen sei, obwohl die meisten Werke die Wassergasanlage nur zum Ausgleich des Betriebes benutzen. Auch dort wurde betont, daß es das wichtigste sei, den Heizwert des Gases möglichst konstant zu halten. Auch die gegenwärtig steigenden Koksbestände lassen es empfehlenswert erscheinen[3]), die Wassergasanlagen längere Zeit im Betriebe zu halten.

Ein Bericht über den Heizwert von karburiertem Wassergas und Mischungen desselben mit Steinkohlengas wurde gelegentlich einer in Newyork abgehaltenen Konferenz über den Heizwert des Wassergases[4]) vorgelegt.

[1]) Journ. f. Gasbel. 1910 S. 979.
[2]) Journ. f. Gasbel. 1910 S. 1028.
[3]) Journ. f. Gasbel. 1910 S. 213.
[4]) Journ. of Gaslightg. 1910 S. 30. Journ. f. Gasbel. 1910 S. 315.

Die Formeln für die Berechnung des Heizwertes des karburierten Wassergases und des Mischgases für bestimmte Öl- resp. Benzolzusätze hat S c h e l l e r[1]) in einem Artikel über die Erzeugungskosten des Mischgases gegeben. Es bedeuten:

$z = \%$ Kohlengas im Mischgas,

$y =$ oberer Heizwert des karburierten Wassergases,

$i =$ g Öl oder Benzol pro cbm karburierten Wassergases,

$m =$ Wärmeausbeute pro 1 g Karburiermittel,

$a = 1$ Ölgas oder Benzoldampf pro 1 g Karburiermittel.

Der Heizwert des karburierten Wassergases berechnet sich dann nach der Formel:

$$y = \frac{510\,000 - 5500\,x}{100 - x}.$$

Für ölkarburiertes Wassergas ist a = 0,6 l, für benzolkarburiertes a = 0,294 l zu setzen. Für Benzol ist m = 10,4 zu wählen, für Karburieröle ist die Wärmeausbeute m

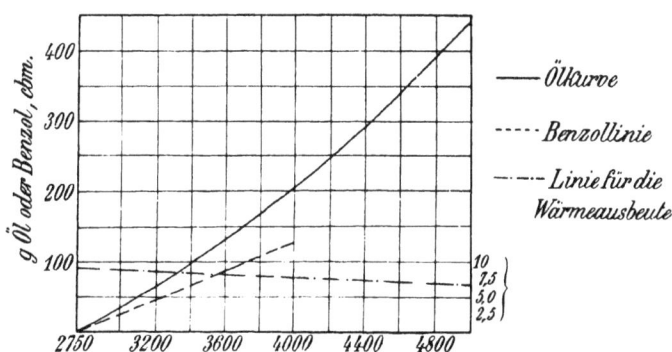

Fig. 28.

nicht stets die gleiche, sie muß aus einem Versuche berechnet werden nach der Formel:

$$m = \frac{y - 2750}{z} + 1,65.$$

Der Zusatz an Karburiermittel berechnet sich bei bekanntem m aus der Formel:

$$z = \frac{y - 2750}{m - 1.65}$$

Die dieser Gleichung entsprechende Kurve ist in Fig. 28 dargestellt. Sie kann zur raschen Ermittlung des erforderlichen Ölzusatzes dienen und gilt für galizische Gasöle. Ferner läßt sich noch die Beziehung aufstellen:

$$y = m\,z + \left(1 - z \cdot \frac{a}{1000}\right) 2750.$$

In allen diesen Formeln ist der obere Heizwert des Wassergases bei 0°, trocken, mit 2750 Kal. angenommen. Für ein nach neueren Prinzipien bei guter Überwachung erzeugtes Wassergas kann dieser Heizwert mit 2950 Kal. angenommen werden, dann ist die betreffende Zahl in den obigen Formeln natürlich umzuändern.

---

[1]) Journ. f. Gasbel. 1910 S. 307. Zeitschr. d. österr. Gasver. 1910 S. 189.

An Betriebsberichten über Wassergaszusatzanlagen seien die nachstehenden hervorgehoben: P l a u e n [1]) berichtet über den Wassergasbetrieb günstiges. Die Erzeugung betrug 23,8% vom Kohlengas und wurde das Wassergas unkarburiert zugesetzt. Die Selbstkosten einschließlich Abschreibung und Verzinsung betrugen 7,18 Pf. Die Qualität des Wassergases wurde fortlaufend mit dem Autolysator geprüft und mit Hilfe der Dampfschlußmelderanlage wurde der $CO_2$-Gehalt auf 3% gehalten. P f e i f f e r berichtet über den Ausbau der M a g d e b u r g e r Gasanstalt[2]). Dort wurde eine Wassergaszusatzanlage nach H u m p h r e y und G l a s g o w errichtet, die bei 40 000 cbm Tagesleistung M. 343 000 kostet, während die gleiche Leistung an Steinkohlengas den dreifachen Betrag erfordert hätte. Die Betriebskosten des ölkarburierten Gases berechnet P f e i f f e r beträchtlich höher als die des Retortengases, zufolge der hohen Ölzölle. Aus diesem Grunde ist es eben empfehlenswert, das Gas unkarburiert oder mit geringer Karburation zuzusetzen. Letzteres geschieht in den Wassergasanlagen der städtischen Gaswerke in B e r l i n [3]), C h a r l o t t e n - b u r g [4]) und W i e n [5]). Berlin setzte ca. 10% Wassergas zu und verbrauchte pro 1000 cbm im Generator 833 kg Koks und 167 kg Öl. Charlottenburg verbrauchte 642 kg Koks und 125 kg Öl. Wien 867 kg Koks und 247 kg Öl. Hier wurden 17,3% Wassergas im Mittel zugesetzt. Der Koksverbrauch für die Dampfkesseln betrug in Charlottenburg pro 1000 cbm Wassergas 381 kg, in Wien 276 kg.

In Amerika wurde konstatiert, daß das karburierte Wassergas bei einem Druck von 0,35 bis 1,4 Atm. wie er zur Hochdruckversorgung verwendet wird, einen beträchtlichen Abfall an Leuchtkraft erleidet[6]).

B o n e [7]) hat Leistungsversuche an einer Wassergasanlage nach dem System K r a - m e r s und A a r t s angestellt. Er erhielt ein Gas von 2749 Kal. (0⁰), welcher verhältnismäßig geringe Heizwert auf einen hohen Stickstoffgehalt zurückzuführen ist. Bei einem Kohlenstoffgehalt von 87,2% im Koks wurden pro 1 kg Kohlenstoff 2,359 cbm Ausbeute (0⁰) erhalten. Der Nutzeffekt des Generators betrug daher bei Anrechnung des oberen Heizwertes 76,6%.

Ein Verfahren zur Verringerung des Kohlenoxydgehaltes im Wassergase hat die C o m p a n y  d u  g a z  à  l' e a u [8]) angegeben. Danach wird das Gas mit Wasserdampf gemischt über glühendes Eisenoxyd bei 400 bis 500⁰ C geleitet. Es wurde ein Gas erhalten von folgender Zusammensetzung:

$H_2$ . . . . . . . . . . . . . . . . . 62,2 %
$CO_2$ . . . . . . . . . . . . . . . . . 27,1 »
$N_2 + O_2$ . . . . . . . . . . . . . . 3,8 »
CO . . . . . . . . . . . . . . . 6,9 »

Nach der Entfernung der Kohlensäure zeigte das Gas:

$H_2$ . . . . . . . . . . . . . . . . . 85,4 %
CO . . . . . . . . . . . . . . . . . 9,4 »
$N_2 + O_2$ . . . . . . . . . . . . . . 5,2 »

[1]) Journ. f. Gasbel. 1910 S. 899.
[2]) Journ. f. Gasbel. 1910 S. 676.
[3]) Journ. f. Gasbel. 1910 S. 124.
[4]) Journ. f. Gasbel. 1910 S. 127.
[5]) Zeitschr. d. österr. Gasver. 1910 S. 472.
[6]) Progressiv age 1910 S. 268. Journ. f. Gasbel. 1910 S. 665.
[7]) Journ. of Gaslightg. 1910 S. 353. Journ. f. Gasbel. 1910 S. 474.
[8]) Journ. des usines à gaz 1910 S. 1. Journ. f. Gasbel. 1910 S. 190.

Zwischen R e i t m a y e r und S t r a c h e [1]) fand eine Auseinandersetzung über die Dauer des Warmblasens und den Kohlensäuregehalt der Abgase, über Ausbeute und Stickstoffgehalt bei verschiedenen Wassergassystemen statt.

N e u e r d e n b u r g [2]) berichtete über eine Anlage in Utrecht, bei welcher durch Einspritzen von Wasserdampf, Gasöl und Wassergasteer auf glühenden Koks ein karburiertes Wassergas von nachstehender Zusammensetzung erhalten wurde:

|  | Karbur. Wassergas | Ölteergas | |
|---|---|---|---|
|  |  | I | II |
| $CO_2$ . . . . . | 5,3 | 0,2 | 0,2 |
| Cn Hm . . . . | 9,2 | 11,6 | 5,2 |
| $O_2$ . . . . . | — | 0,6 | 9,8 |
| CO . . . . . | 29,7 | 2,8 | 12,0 |
| $H_2$ . . . . . | 36,2 | 46,5 | 73,2 |
| $CH_4$ . . . . . | 13,9 | 31,3 | 8,2 |
| $N_2$ . . . . . | 6,2 | 7,0 | 0,4 |
| unterer Heizwert . | 4470 Kal. | 5490 Kal. | — |
| spezifisches Gewicht | 0,70 | 0,45 | 0,33 |

Die Erzeugung von Mischgas aus Steinkohlengas und Wassergas in einem Generator, die bereits im Berichte über die Fortschritte des Beleuchtungswesens 1909[3]) erwähnt wurde, erläuterte S t r a c h e [4]) neuerdings in einem Vortrage über »Rauchplage und Heizgasversorgung« vor dem Verein zur Förderung der chemischen Industrie in Prag.

Es wäre begreiflicherweise von großer Bedeutung, wenn es gelänge, das Kohlenoxyd des Wassergases durch Reduktion mit dem Wasserstoff in Methan zu verwandeln, was nach der Gleichung erfolgen könnte:

$$CO + 3 H_2 = CH_4 + H_2O.$$

Es ist dabei allerdings ein Überschuß an Wasserstoff erforderlich, der dem Wassergase besonders zugesetzt werden müßte oder der dadurch zu erzielen wäre, daß von vornherein ein kohlenoxydarmes Wassergas erzeugt würde. B o n e und C o w a r d [5]) haben dagegen die direkte Vereinigung des Wasserstoffs im Wassergase mit Kohlenstoff zu Methan im Auge und erhielten tatsächlich eine 95 proz. Ausbeute an Methan, indem sie über 0,3 g gereinigte Zuckerkohle 17 bis 25 Stunden lang bei 1150° Wassergas leiteten. Zufolge der geringen Reaktionsgeschwindigkeit ist dieses Experiment vorläufig ohne alle praktische Bedeutung, doch es wäre ja möglich, daß es einmal gelingt, diese Umsetzung durch irgendeinen Stoff katalytisch zu beschleunigen. Der Vorteil wäre einerseits ein geringerer Kohlenoxydgehalt des Wassergases, anderseits eine Erhöhung des Heizwertes sowohl bei dieser Umsetzung als auch bei der direkten Vereinigung des Wasserstoffes mit Kohlenstoff zu Methan.

Der Preis der Karburieröle für Wassergas stellte sich im Berichtsjahre für Deutschland an der galizischen Grenze sehr billig, nämlich auf M. 1,50 bis M. 2 pro 100 kg. Der Preis

---

[1]) Zeitschr. d. österr. Gasver. 1910 S. 271 u. 322.

[2]) De ingenieur 1909. Het Gas 1909 S. 363. Gas World Nr. 1311 S. 283. Journ. f. Gasbel. 1910 S. 17. Vgl. auch Journ. f. Gasbel. 1909 S. 789.

[3]) S. 79.

[4]) Zeitschr. d. österr. Gasver. 1910 S. 216.

[5]) Chem. Soc. Proc. 1910 S. 146. Journ. f. Gasbel. 1910 S. 836.

wird nur durch die hohen Ölzölle Deutschlands dort so sehr in die Höhe getrieben. Auch der Preis des Benzols ist im abgelaufenen Jahre durch steigendes Angebot stark herabgesetzt worden, nämlich auf M. 15 bis M. 16 pro 100 kg, wie M ö l l e r s [1]) in einer Übersicht über das Wirtschaftsjahr 1909 berichtet. Ein neues Erdölvorkommen ist bei Maibo im Ubangebiete im Kaukasus aufgefunden worden[2]). In einer Tiefe von 73 m wurde eine Springquelle erbohrt, die täglich 5 bis 6000 t Erdöl lieferte. In einer Abhandlung über Naturgas und Petroleum in Amerika teilte I r a R e m s e n [3]) die Produkte mit, die aus dem Rohpetroleum erhältlich sind, nämlich:

| | |
|---|---:|
| Brennpetroleum | 20,5 % |
| Schmieröle | 10,0 » |
| Naphtha | 15,0 » |
| Gasöle für Wassergaskarburation | 30 0 » |
| Festes Paraffin | 1,5 » |
| Pech | 2,5 » |
| Pech und Teer für Straßenbau | 2,0 » |
| Koks | 3,0 » |
| Öl als Heizmaterial | 14,0 » |
| Verlust bei der Verarbeitung | 1,5 » |

**Ballongase, Wasserstoff.** In einer ausführlichen Abhandlung bespricht S a c k u r [4]) die Darstellung von Ballongasen. Der Preis eines cbm Wasserstoffs darf den Preis des Leuchtgases nicht mehr als im Verhältnis von 1 : 0,645 übersteigen, wenn die Kosten eines Ballonaufstieges mit beiden Gasen die gleichen sein sollen. M o n d und L a n g e r haben bereits im Jahre 1889 die Spaltung der Kohlenwasserstoffe in Kohlenstoff und Wasserstoff vorgeschlagen, ebenso die Spaltung des Kohlenoxyds im Kohlenstoff und Kohlensäure, wonach der Kohlenstoff mit Wasserdampf unter Bildung von Kohlensäure und Wasserstoff zu reagieren vermag. Dies tritt jedoch nur dann ein, wenn eine geringe Reaktionstemperatur herrscht, und bei dieser ist die Reaktionsgeschwindigkeit eine sehr kleine, so daß die Zerstörung des Kohlenoxyds ebensò wie die des Methans immer praktische Schwierigkeiten haben wird. Die Möglichkeit, das Methan des Leuchtgases quantitativ zu zersetzen, wurde allerdings von M a y e r und A l t m a y e r [5]) bewiesen. Die Zersetzung tritt erst oberhalb 850⁰ ein, und B u n t e hat ebenfalls auf diese Weise die Dekarburierung des Leuchtgases[6]) durchgeführt. S a c k u r versuchte die Dekarburierung des Leuchtgases gemeinsam mit N a u ß in der Versuchsgasanstalt D ü r r g o y bei Breslau. Er zersetzte das Gas durch glühenden Koks in Retorten und erhielt ein Gas von der Dichte 0,28, welches sich jedoch für Ballons als ungeeignet erwies, weil eine geringe Verunreinigung von aromatischen Kohlenwasserstoffen die Ballonhülle angriff. v. O e c h e l h a e u s e r erzielte dagegen bei einer höheren Temperatur auf gleiche Weise ein brauchbares Gas. Auch R i n c k e r und W o l t e r zersetzen Kohlenwasserstoffe durch Einspritzen von Öl auf glühenden Koks, indem sie ein wasserstoffreiches Gas erhielten. Früher wurde zur Darstellung des Wasserstoffes Eisen und Schwefelsäure verwendet. Man brauchte pro 1 cbm 6,4 kg der reagierenden Materialien. Die neueren Verfahren teilt S a c k u r in drei Gruppen ein:

---

[1]) Journ. f. Gasbel. 1910 S. 287.
[2]) Journ. f. Gasbel. 1910 S. 1143.
[3]) Journ. f. Gasbel. 1910 S. 1147.
[4]) Journ. f. Gasbel. 1910 S. 481.
[5]) Berichte d. deutsch. Chem. Ges. 1907 S. 134.
[6]) Journ. f. Gasbel. 1894 S. 81.

1. Die Entwicklung von Wasserstoff aus wässerigen Lösungen, z. B. durch Aluminium, welches Natronlauge zersetzt, wobei für 1 cbm Wasserstoff 4,1 kg Al. erforderlich sind. Dieses Verfahren soll nach M ö d e b e c k [1]) von den Russen im mandschurischen Feldzuge benutzt worden sein. Besser, jedoch teurer ist die Verwendung von Natrium oder Kalzium. Für 1 cbm Wasserstoff sind nur 1,7 kg Ca erforderlich. Noch günstiger ist Kalziumhydrür (CaH$_2$). Hiervon sind pro 1 cbm Wasserstoff nur 0,9 kg nötig. Dieses Verfahren ist von J a u b e r t und von den E l e k t r o c h e m i s c h e n W e r k e n in Bitterfeld ausgearbeitet worden[2]).

Ersterer stellt das Hydrür durch Überleiten durch Wasserstoff über das erhitzte Kalzium dar, die Elektrochemischen Werke empfehlen dagegen, den Wasserstoff in geschmolzenes Kalzium einzuleiten. J a u b e r t nennt das Hydrür »Hydrolith«.

Ein anderes Verfahren ist die Einwirkung von Silizium auf Natronlauge, welches Verfahren von S c h u c k e r t & C o. in transportablen Anlagen bis zu 300 cbm Stundenleistung ausgeführt wird. Pro cbm sind hierbei 2,2 kg der Ausgangsmaterialien und 30 l Kühlwasser erforderlich.

2. Die Zersetzung von Wasserdampf. Hier wird in erster Linie Kohlenstoff verwendet. Bei geringer Temperatur entsteht CO$_2$, die durch Kalk entfernt werden kann. Die Umsetzung ist jedoch, wie erwähnt, zu langsam. F r a n k erzeugt daher aus Kohlenstoff und Wasserdampf Wassergas und entfernt das CO durch erhitztes Kalziumkarbid[3]).

$$CaC_2 + CO = CaO + 3\,C.$$

Nach R o t h m u n d entspricht hierbei jeder Temperatur ein bestimmter Partialdruck des CO[4]). Dieser beträgt bei 162$^0$ ca. 1 Atm. Auch Stickstoff wird von Kalziumkarbid zu Zyanamid aufgenommen:

$$CaC_2 + N_2 = CaN_2 + C.$$

F r a n k empfiehlt, das Gas vor seiner Behandlung mit Karbid an Wasserstoff anzureichern, was allerdings das Verfahren verteuert. Ein Verfahren der chemischen Fabrik G r i e s h e i m - E l e k t r o n [5]) arbeitet nach der Formel:

$$CaO + CO + H_2O = CaCO_3 + H_2.$$

Bei einer Temperatur von 450 bis 500$^0$ wird Wassergas mit Wasserdampf über Kalk geleitet. Nach dem Massenwirkungsgesetz würde sich ohne Kalk ein Gleichgewichtszustand zwischen CO$_2$ und H$_2$ einerseits und CO und H$_2$O anderseits einstellen. Da jedoch durch den Kalk die CO$_2$ entfernt wird, so verschiebt sich das Gleichgewicht, und es bilden sich große Mengen von Wasserstoff. Die Konstante $k$ in der Gleichgewichtsformel:

$$(CO_2) \cdot (H_2) = k \cdot (CO) \cdot (H_2O)$$

beträgt nach H a b e r bei 500$^0$ C 0,2, wird aber bei Gegenwart von Kalk nahezu gleich 1. D e l l w i k - F l e i s c h e r benutzen zur Wasserdampfzersetzung Eisen. Nach P r e u n e r [6]) nimmt hierbei der Quotient $\dfrac{p_{H_2O}}{p_{H_2}}$ folgende Werte an:

[1]) Chem.-Zeitg. Band 29 S. 54.
[2]) Comptes rendus Band 142, S. 788, D.R.P. 198 303.
[3]) D.R.P. 174 324 und 177 704.
[4]) Zeitschr. f. anorgan. Chemie 1902 S. 126.
[5]) Chem.-Zeitg. 1910, Rep. S. 248. Journ. f. Gasbel. 1910 S. 836.
[6]) Zeitschr. f. physik. Chemie 1904 S. 485.

Bei  900° C . . . . . . . . . . . . . . 0,69
»  1025° C . . . . . . . . . . . . . . 0,78
»  1150° C . . . . . . . . . . . . . . 0,86

Die Zersetzung des Wasserdampfes wird also um so unvollständiger, je höher die Temperatur ist. Das Eisen wird aus dem entstehenden Oxyd durch Reduktion mit Wassergas wieder gewonnen.

Die K a r b o n i u m g e s e l l s c h a f t zersetzt Azetylen durch Erwärmen in Kohlenstoff und Wasserstoff. Der Kohlenstoff scheidet sich als Ruß ab, der als Anstrichfarbe verwendet wird[1]).

3. Die elektrolytischen Verfahren. Wasserstoff entsteht bei der Elektrolyse von wässerigen Lösungen von Säuren, von Alkalien und Erdalkalisalzen. 1 Amp. entwickelt in der Stunde 0,45 l Wasserstoff. 1 cbm $H_2$ erfordert 2220 Amp./Std. Für die Zersetzung des Wassers sind bei geringen Stromstärken 1,67 Volt erforderlich, die nötige Spannung steigt jedoch bei wachsender Stromstärke. Eine Verringerung der Spannung kann nur durch Verkleinerung des Widerstandes erreicht werden. Es ist daher notwendig, konzentrierte, warme Lösungen zu verwenden und die Elektroden möglichst nahe aneinander zu

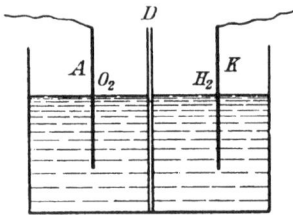

Fig. 29.

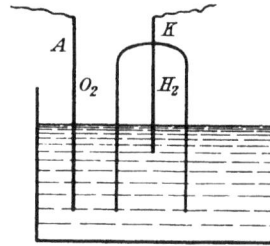

Fig. 30.

bringen. Hier entsteht jedoch eine neue Schwierigkeit. Anoden- und Kathodenraum müssen so getrennt sein, daß eine Vermischung des Wasserstoffs mit Sauerstoff vermieden wird. Es werden zwei Verfahren verwendet. Das Diaphragma- und das Glockenverfahren, Fig. 29 und 30. Als Elektroden sind nur Eisen und Nickel in alkalischer und neutraler, aber chloridfreier Lösung zu brauchen. Die M a s c h i n e n f a b r i k  Ö r l i k o n arbeitet mit einem Diaphragma aus Asbest. Wesentlich daran ist die Anordnung der Zersetzungskammern hintereinander, mit einer selbsttätigen Zirkulationseinrichtung, welche die Gase möglichst schnell zu den Gasabscheidern führt. Die Zersetzung ist hierbei mit 2,5 · 2220 Watt/Std., d. h. weniger als 6 KW, durchführbar. Als Elektrolyt dient eine 10 proz. Lösung von Natriumkarbonat. Der Wasserstoff enthält nur 1% Sauerstoff. S c h u c k e r t & C o. arbeiten nach dem Glockenverfahren[2]). Der Wasserstoff wird zur Reinigung durch ein geheiztes Palladium-Bimssteinrohr geführt. Als Elektrolyt dient 20 proz. Kalilauge bei 60 bis 70°. A i g n e r[3]) hat einen sinnreichen Zersetzungsapparat angegeben. In einem eisernen Gefäß rotiert eine amalgamierte Trommel. Das Gefäß ist durch eine Scheidewand in zwei Räume getrennt, welche die Elektroden enthalten. Der Strom geht durch die Lösung direkt zur Trommel

---

[1]) Diese Fabrik in Friedrichshafen ist durch eine Explosion zerstört worden, wird jedoch neuerdings mit verbesserten Methoden neu aufgebaut. Journ. f. Gasbel. 1910 S. 749.

[2]) D.R.P. 174 845 u. 188 900.

[3]) D.R.P. 198 626.

und scheidet an ihr Natrium ab, das sich unter Bildung von Natriumamalgam löst. Infolge der raschen Rotation der Trommel gelangt dieses in den zweiten Raum und löst sich hier unter Entwicklung von Wasserstoff. Es ist jedoch schwierig, die Eisentrommel so gut zu amalgamieren, daß nicht Wasserstoff und Sauerstoff in demselben Raume auftreten. Alle elektrolytischen Verfahren sind nur dann verwendbar, wenn der Sauerstoff lohnenden Absatz findet.

Über die Erzeugung von Wasserstoff aus Steinkohlengas nach dem Verfahren von v. Öchelhaeuser wurde bereits im letzten Jahr berichtet. Damals waren die Versuche nur in Vertikalretorten ausgeführt worden. Nunmehr ergab die Fortsetzung der Arbeiten[1]), daß die Zersetzung des Steinkohlengases noch besser in horizontalen Retorten gelingt. In einem Horizontalofen können in 24 Stunden 1200 cbm Ballongas erzeugt werden. In einem Vertikalofen mit zehn Retorten 3600 cbm. Die Retorten müssen jedoch auf eine sehr hohe Temperatur von mindestens 1200$^0$ erhitzt werden. Die Retorten müssen mit Koks oder Holzkohle gefüllt sein, um dem Gase eine große Oberfläche darzubieten. Das Gas muß mit 0 bis 5 mm Wassersäule abgesaugt werden. Die Volumvermehrung, welche sich ergeben sollte, wird nicht ganz erreicht, weil die Retorten viel Wasserstoff durchlassen. Sie sollen daher genügend mit Graphit bedeckt sein. Zur Zurückhaltung des ausgeschiedenen Rußes und von $H_2S$ wird eine kleine Reinigungsanlage angeschlossen, die aus einem Kühler, einem Staubfilter und einem Eisenreiniger von 0,3 qm für je 1000 cbm Tagesleistung besteht. Für die Neufüllung und Anheizung des in den Vertikalofen kalt eingebrachten Kokses muß man täglich sechs Stunden rechnen, so daß nur 18 Stunden disponibel bleiben, welche 360 cbm pro Retorte ergeben. Bei horizontalen Retorten kommen 20 Stunden Nutzleistung in Betracht. Die Kosten der Umsetzung des Steinkohlengases in Ballongas stellen sich auf 3,16 Pf. und die Anlagekosten einschließlich der Reinigung und Gebläseanlage auf M. 3000 bis M. 4000. Da die Verteilungskosten entfallen, kann das Ballongas wie das Gas für gewerbliche Zwecke mit 10 bis 13 Pf. pro Kubikmeter verkauft werden. Es kann ein Auftrieb von 0,95 kg pro Kubikmeter gerechnet werden. Das Gas hat folgende Zusammensetzung:

$$
\begin{array}{llr}
N_2 & \ldots\ldots\ldots\ldots & 5,1\ \% \\
CO & \ldots\ldots\ldots\ldots & 7,3\ ,, \\
CH_4 & \ldots\ldots\ldots\ldots & 6,9\ ,, \\
H_2 & \ldots\ldots\ldots\ldots & 80,7\ ,, \\
\text{Spezifisches Gewicht} & \ldots & 0,225 \text{ bis } 0,300
\end{array}
$$

Bei der Erzeugung in der Vertikalretorte muß die Tauchung in der Vorlage niedrig oder ganz aufgehoben sein. Gas, Wasser und Teer müssen entfernt werden, damit nicht nachträglich Kohlenwasserstoffe in das Gas gelangen. Die Retorte wird unten mit Großkoks, oben mit Feinkoks, welcher als Rußfilter dient, beschickt. Die Entfernung des fein verteilten Kohlenstoffs ist schwierig, sie wird durch eine 4 m lange Schichte von Holzwolle erreicht.

Wie schon unter »Ölgas« berichtet, ist von Rincker und Wolter die Zersetzung der Kohlenwasserstoffe des Gasöls in Generatoren durchgeführt worden, worüber Neuerdenburg[2]) Resultate bekannt gibt.

In einem Vortrage über Ballongase berichtete auch Strache[3]) über die verschiedenen Darstellungsarten des Wasserstoffs. Er erwähnte hierbei auch die Zersetzung des Wasserdampfes durch glühendes Eisen in einem Generator (Fig. 31), wonach das gebildete Eisen-

[1]) Journ. f. Gasbel. 1910 S. 693.
[2]) Journ. f. Gasbel. 1910 S. 17. Het Gas 1909 S. 363.
[3]) Zeitschr. d. österr. Gasver. 1910 S. 137.

oxyd durch heißes Generatorgas wieder zu metallischem Eisen reduziert wird. Ferner erwähnte derselbe zum Zwecke der Entfernung von CO aus Wassergas oder unreinem Wasserstoff die Aufnahme von Kohlenoxyd in Kalikalk, wobei sich ameisensaures Kali bildet nach der Formel:

$$KOH + CO = H \cdot CO\,OK.$$

Dieses ameisensaure Kali spaltet sich bei 300⁰ in kohlensaures Kali und Wasserstoff nach der Formel:

$$H \cdot CO\,OK + KOH = K_2CO_3 + H_2.$$

Der Wasserstoff besitzt nur seine volle Tragkraft, wenn er im getrockneten Zustand verwendet wird. Zu diesem Zwecke ist er über konzentrierte Schwefelsäure zu leiten.

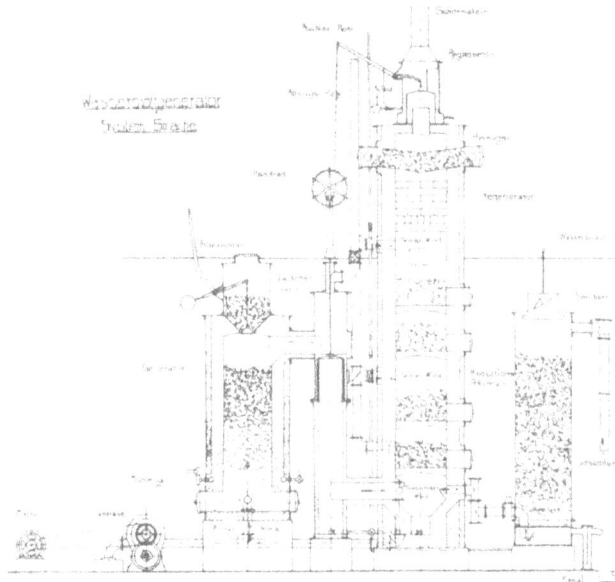

Fig. 31.

K h a m m e r l i n g - O n n e s hat vorgeschlagen, flüssigen Wasserstoff zur Luftschiffahrt zu verwenden. Da sich jedoch die Kosten eines Kubikmeters auf 350 K stellen, ist dessen praktische Verwendung jetzt noch nicht möglich.

**Brenner, Invertlicht und Glühkörper.** Einer der wichtigsten Bestandteile aller Bunsenbrenner und somit auch der Gasglühlichtbrenner ist die Düse, aus welcher das Gas strömt und welche berufen ist, eine möglichst große Luftmenge in den Brenner mit einzusaugen. Die Luftansaugung ist um so stärker, je höher der Druck vor der Düse ist. Die Regulierung der ausströmenden Gasmenge soll daher nicht durch Verringerung des Druckes erfolgen, sondern durch Verringerung des Düsenquerschnittes. Dies geschieht vermittelst der Regulierdüsen. Gewöhnlich schieben sich in die Düsenöffnungen Nadeln ein, welche deren Querschnitt verringern. Es ist dabei nicht zu vermeiden, daß die verbleibende Öffnung exzentrisch wird, wenn sich die Nadel an einem Rande anlegt. Dadurch entsteht ein ungleichmäßiges Gemisch von Gas und Luft, was auch eine ungleichmäßige Flamme zur Folge hat. Eine Düse, welche diesen Übelstand vermeidet, ist von der Firma K a r l L a n g e in

Berlin[1]) unter dem Namen »Delkadüse« auf den Markt gebracht worden. Die Nadel ist hier durch ein dünnes Plättchen ersetzt, welches an zwei Stellen geführt ist und durch keinen seitlichen Druck zur Seite gedrückt werden kann.

Mit dem Olsobrenner sind günstige Erfahrungen in M a g d e b u r g gesammelt worden, worüber P f e i f f e r[2]) berichtete. Die Flamme desselben ist in Lamellen geteilt und füllt die ganze Länge des Glühkörpers gleichmäßig aus. Eine Verbesserung hat das stehende Glühlicht auch durch den Gobobrenner[3]) erfahren, welcher von der A u e r g e s e l l s c h a f t herausgegeben wurde. Derselbe braucht 1,1 l Gas pro Kerze, trotzdem er als Sparbrenner mit geringem Konsum arbeitet. Fig. 32 zeigt den Gobobrenner in einer Ausführung, bei der die von der Flamme berührten Teile isoliert sind[4]), so daß keine Wärme in die Galerie gelangen kann. Derselbe besitzt außerdem keine Siebe, so daß die kinetische Energie des Gasstromes nicht geschwächt wird; die Ausströmungsöffnungen für das Gasluftgemisch sind im Kreise angeordnet, und in der Mitte bleibt ein Raum frei.

Die Firma T h i m  &  T ö w e in Halle a. S. bringt einen 16 Kerzen-Brenner unter dem Namen »Mikrobrenner« zum Preise von M. 1,95 in den Handel, welcher bei 18,5 l Stundenkonsum 15,4 HK ergibt, somit 1,20 l pro HK verbraucht[5]).

G r e y s o n  d e  S c h o d t[6]) suchte die Verteilung des Lichtes beim stehenden Gasglühlichtbrenner zu korrigieren, indem er den Brenner schief stellte und mit einem muschelförmigen Reflektor versah.

Die obigen Angaben beziehen sich, da keine nähere Angabe gemacht ist, wahrscheinlich auf die mittlere horizontale Lichtstärke, denn die mittlere hemisphärische oder sphärische Lichtstärke ist bei den stehenden Brennern meist ungünstiger. Diesbezüglich ist das Hängegasglühlicht überlegen. Als günstigster Effekt wurde bei diesem 1,2 l auf die mittlere sphärische Lichteinheit nachgewiesen[7]).

Für die gesamte Gasglühlichtindustrie ist, soweit sich dieselbe mit Invertlicht befaßt, das M a n n e s m a n n - Patent Nr. 126 135 von hervorragender Bedeutung geworden. Nach diesem wird das Gasluftgemisch in den Glühstrumpf in einer nicht den ganzen Querschnitt des Strumpfes ausfüllenden Säule eingeführt und die der Flamme zugeführte Verbrennungsluft wird in dem den Glühstrumpf umschließenden Lampenzylinder dem Gastrome entgegengeführt. Das deutsche Patentamt hatte die Vernichtung dieses Patentes ausgesprochen, das Reichsgericht hat es jedoch in seinem vollen Umfange aufrechterhalten[8]). W i t t[9]) erwähnt in einem Artikel über die Fortschritte der Invertbeleuchtung einen neuen Typ eines Invertbrenners, welcher bei 30 l Gaskonsum 30 HK liefern soll. Leider ist nicht angegeben, ob dies die hemisphärische Lichtstärke ist; es darf wohl angenommen werden, daß damit das Maximum der Lichtstrahlung schräg nach abwärts gemeint ist.

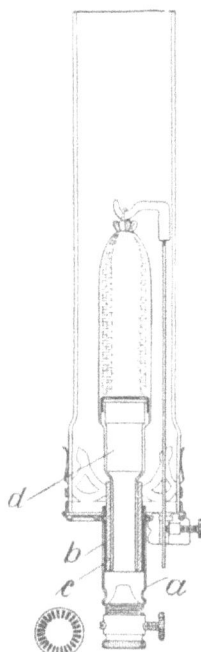

Fig. 32.

---

[1]) Journ. f. Gasbel. 1910 S. 1199.
[2]) Journ. f. Gasbel. 1910 S. 44.
[3]) L e b e i s , Vortrag vor d. Sächs.-Thüring. Ver., Magdeburg 1910. Journ. f. Gasbel. 1910 S. 461.
[4]) Journ. f. Gasbel. 1910 S. 1040.
[5]) Ztschr. f. Beleuchtungswesen 1910 S. 2.
[6]) Franzöz. Gasfachmännerversamml. 1910 in Paris. Journ. f. Gasbel. 1910 S. 722.
[7]) Journ. f. Gasbel. 1910 S. 746. Zeitschr. f. Instrumentenkunde S. 181.
[8]) In allerletzter Zeit soll dasselbe in einer unteren Instanz wieder annulliert worden sein.
[9]) Journ. f. Gasbel. 1910 S. 112.

Der Ersatz des stehenden Gasglühlichtes in bestehenden Straßenlaternen durch Hängelicht ist durchaus kein einfacher. L u b e r[1]) hat sich in D. R. P. Nr. 211 953 einen Invertbrenner mit niedrigem Kamin (Fig. 33 und 34) schützen lassen, der in bestehende Laternen eingebaut werden kann. Bei Laternen, die keinen seitlichen Zugang gestatten, wie z. B. bei solchen mit Glasrundmänteln ist eine andere Anordnung (Fig. 35 und 36) erforderlich. Bei dieser ist der Brenner durch gasdichte Gelenke b und c herausdrehbar.

Die Oberteile der Invertbrenner werden behufs besserer Beständigkeit gegen die heißen Abgase häufig aus feuerfestem Material angefertigt. Sie zerspringen jedoch dann

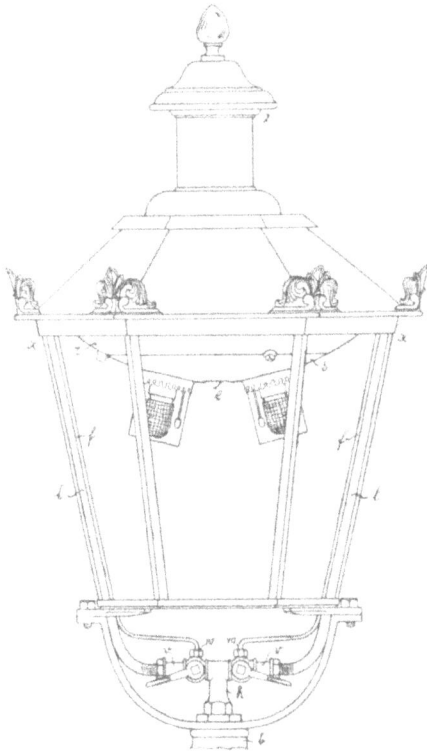 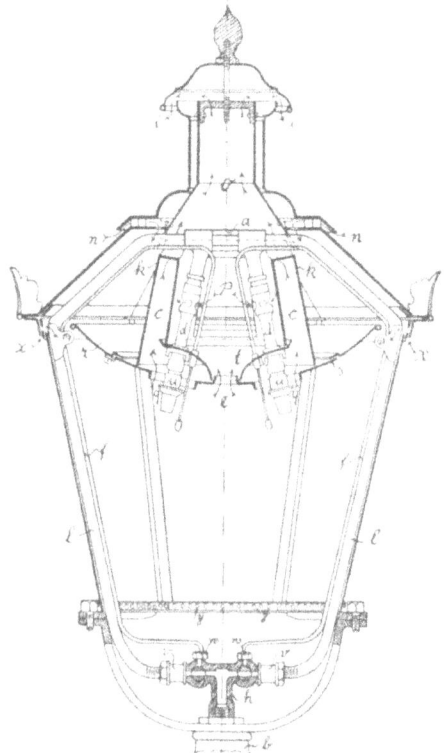

Fig. 33.                                    Fig. 34.

leicht, wenn sie aus einem Stück gefertigt sind. H a i d e[2]) fertigt den Mantel und die Querstege aus besonderen Teilen, zwischen die Asbestscheiben eingelegt sind. Dadurch wird das Zerspringen vermieden.

Unscheinbar, aber von besonderer Bedeutung für das Invertlicht, sind auch die Magnesiaringe, welche zum Fixieren der Glühkörper an den Brennern dienen. B ö h m[3]) hat über die Entwicklung derselben eine ausführliche Abhandlung veröffentlicht. Die Firma P i n t s c h verwendete ursprünglich ausschließlich Magnesia als Substanz für die Glüh-

[1]) Journ. f. Gasbel. 1910 S. 179. Zeitschr. d. österr. Gasver. 1910 S. 114.
[2]) Zeitschr. d. österr. Gasver. 1910 S. 8.
[3]) Journ. f. Gasbel. 1910 S. 205 u. 226.

körperträger. H i l d e b r a n d t ersetzte dieselbe später durch Tone und Porzellanerde mit einem Zusatz von magnesiahaltigem Kalzit, welche in einem feingeschlemmten Zustand verwendet werden. Auch in neuester Zeit wird Ton und Porzellanerde, jedoch in Mischung mit Mineralöl verrieben und dann gepreßt. Die Ringe werden dann acht Stunden lang in einem Muffelofen bei 1300⁰ gebrannt. Interessant ist, daß H i l d e b r a n d t bereits im Jahre 1901 an die Firma B e r n d t & C o. in Prag das erste Muster eines Invertmagnesiaringes lieferte. Zur selben Zeit hat F a r k a s bereits in Paris und London Invertlicht eingeführt, während die allgemeine Anwendung desselben bekanntlich erst in das Jahr 1908 fällt. Gegenwärtig fabriziert die Firma H i l d e b r a n d t und die M a g n e s i a - k o m p a n i e in Berlin 70 bis 80 000 Ringe

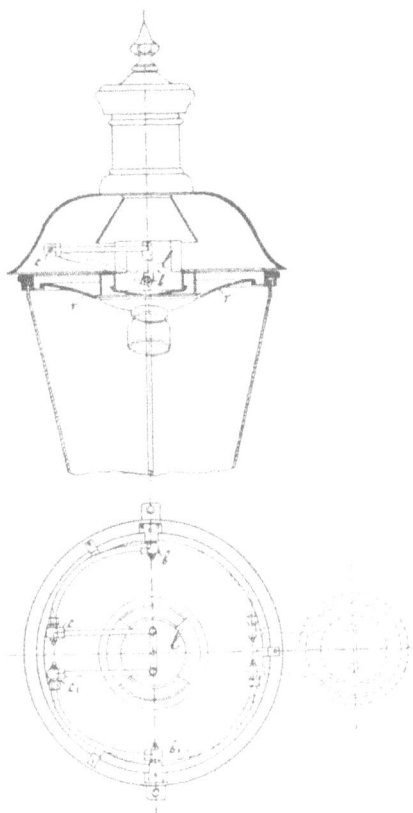

Fig. 35.

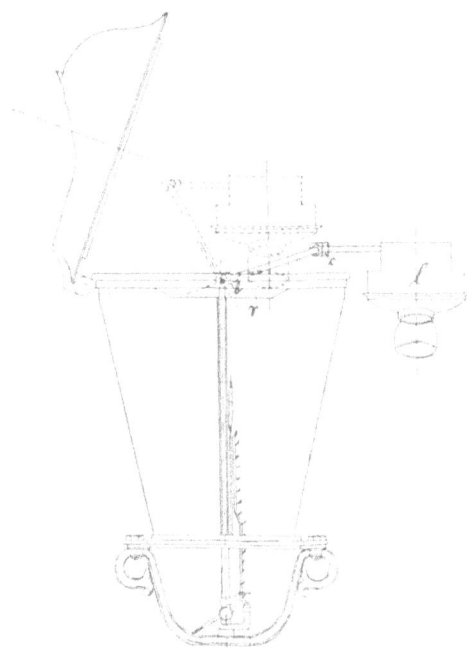

Fig. 36.

täglich in 300 verschiedenen Formen. Viele Schwierigkeiten verursachten die verschiedenartig ausgebildeten Befestigungsvorrichtungen für die Magnesiaringe. Es ist daher die Annahme bestimmter Normalien von außerordentlicher Wichtigkeit, obwohl es einzelne Firmen vorzogen, nur solche Brenner zu liefern, auf die nur ihre eigenen Magnesiaringe paßten. v. B e r n d t nimmt als Normalring einen solchen von 25 mm äußerem Durchmesser und 2 bis 3 mm Wandstärke an. Der Ring der Firma E h r i c h & G r a e t z ist in Fig. 37 dargestellt. Die Füßchen desselben sind mit Aussparungen versehen, um den Abzug der Verbrennungsgase zu erleichtern. Er hat große Verbreitung gefunden. Um die Ringe auch für die älteren Aufhängevorrichtungen der A u e r g e s e l l s c h a f t passend zu machen, wurden dieselben gemäß Fig. 38 konstruiert, so daß dieselben für Graetzinlicht sowie für ältere und neuere Auerinvertbrenner passend sind.

Zur Prüfung der Ringe auf ihre Widerstandsfähigkeit soll man dieselben zur Weißglut erhitzen und dann schnell erkalten lassen, nicht aber in Wasser eintauchen, da sie hierdurch mürbe werden.

Für die Glühkörper empfiehlt M a c b e t h[1]), Normalien einzuführen, welche die Größe derselben und den Cer- und Thorgehalt umfassen soll. Ferner sei die Lichtstärke und die Farbe des Lichtes zu bestimmen. Schließlich sollen Angaben über die Leistung des Glühkörpers bei verschiedenen Drucken und Gasqualitäten gemacht werden. Über die Fortschritte der Fabrikation der seltenen Erden berichtete S t e r n[2]).

Fig. 37.

**Preßgas und Starklichtlampen.** Nunmehr ist es gelungen, Starklichtlampen von 1000 HK Leuchtkraft zu konstruieren, welche bei Niederdruck den günstigen Verbrauch von nur 0,70 l pro HK besitzen und somit an die Ökonomie heranreichen, welche früher nur mit Preßgas zu erreichen war. Die Firma E h r i c h & G r a e t z[3]) brachte eine solche Lampe auf den Markt. Die Ökonomie der Preßgasbeleuchtung wurde weiter verbessert, so daß bei Lampen von 5000 HK mit 0,45 l pro HK das Auslangen gefunden werden soll. Bei der Preßluftbeleuchtung, die in Stuttgart[4]) in umfangreicher Weise eingeführt ist und die von der A u e r g e s e l l s c h a f t nach einem neuen Prinzip durchgeführt wurde, soll der Konsum sogar auf 0,37 l pro HK gesunken sein[5]). Diese günstigen Effekte werden durch eine intensive Vorwärmung des Gasluftgemisches erreicht, und es dürfte ein weiterer Fortschritt in der Ökonomie der Preßgasbeleuchtung kaum mehr zu erwarten sein, weil eine weitere Erhöhung der Temperatur des Gasluftgemisches nicht zulässig sein dürfte, da man sonst die Entzündungstemperatur dieses Gemisches erreicht[6]).

Fig. 38.

Die Anwendung des Preßgases zur öffentlichen Beleuchtung nimmt sehr stark zu. Berlin besitzt bereits 1800 Graetzin-Preßgaslampen mit einer Gesamtlichtstärke von 4 Mill. Kerzen. C h a r l o t t e n b u r g[7]) hat Pharos-Apparate eingeführt, welche das Gas auf 1400 mm Wassersäule komprimieren. Es sind zwei Kompressoren a 100 cbm und einer zu 200 cbm Stundenleistung aufgestellt, welche durch zwei Cudellmotoren à 5 bis 6 HP und einen ebensolchen zu 10 HP, ersterer mit 500, letzterer mit 400 Touren pro Minute laufend, angetrieben werden. Die Beheizung des Maschinenraumes erfolgt mit einem Askaniagas-Fernheizkessel, und arbeitet die ganze Anlage vollständig selbsttätig. Die Lampen besitzen 1500 und 2400 HK Lichtstärke, sind 30 m voneinander aufgestellt und verbrauchen 0,5 l pro HK. Die Fernzündung erfolgt durch Druckerhöhung, wobei sich die Zündflamme entsprechend vergrößert. Die Unterhaltungskosten betragen einschließlich des Gaskonsums M. 340 pro Laterne und Jahr, der Kraftverbrauch erfordert 21,5 l Gas pro Kubikmeter

---

[1]) Illum. Engin. 4 S. 277. Zeitschr. d. österr. Gasver. 1910 S. 236.

[2]) Fortschr. d. Chemie, Physik u. physik. Chemie 1910 S. 139. Journ. f. Gasbel. 1910 S. 560.

[3]) O. A n z b ö c k, Zeitschr. d. österr. Gasver. 1910 S. 332.

[4]) Journ. f. Gasbel. 1910 S. 276.

[5]) Vgl. auch L e b e i s, Vortrag auf d. Ver. sächs.-thüring. Gasfachmänner, Magdeburg 1910 Journ. f. Gasbel. 1910 S. 461.

[6]) Fortschritte d. Gasbel. Journ. f. Gasbel. 1910 S. 1040.

[7]) L ü c k e r a t h, Journ. f. Gasbel. 1910 S. 488.

Preßgas. Elektrischer Antrieb wäre um 60 % teurer gewesen. Scholz[1]) führte auf der Versammlung des österreichischen Vereins in Innsbruck ein neues Kompressormodell vor und zeigte Niederdruck-Starklichtlampen, welche für 600 HK nur 400 l Gas stündlich verbrauchen. Ferner eine drei-flammige Lampe, die nach seinen Angaben 1050 HK unterer hemisphärischer Hel-ligkeit mit 630 l Konsum gibt. Die Kurve, Fig. 39, zeigt die Lichtverteilung dieser Lampe, welche eine außerordentlich günstige ist. Die Düsen sind auswechselbar und der Druck-regler befindet sich über der Lampe.

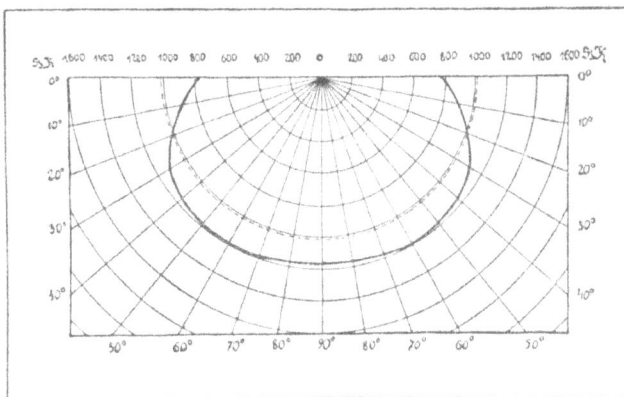

W i t t[2]) berichtet auch über ganz kleine Preßgasan-lagen, die für 4 bis 6 Lampen eingerichtet sind und nur ca. M. 300 kosten.

Fig. 39.

In neuerer Zeit beginnt sich auch die Verwendung des Preßgases zu gewerb-lichen Zwecken einzubürgern. M e s s i n g e r[3]) verweist diesbezüglich auf eine Reihe verschiedener Verwendungsarten desselben. Es besitzt vor dem Niederdruckgas den Vorteil einer höheren Flammentemperatur. Als Gebläse sind zweckmäßig Rotationsgebläse zu verwenden, welche nur 1 HP für 28 cbm Gas pro Stunde benötigen. M e s s i n g e r erwähnt ein Gebläse, dessen Unterteil in zwei Teile geteilt ist. Die untere Abteilung nimmt das Preßgas auf und durch ein Tellerventil entweicht aus demselben der überschüssige Druck in die Niederdruckleitung. Die Preßgasleitungen brauchen nicht größer dimensioniert zu werden wie die Niederdruckleitungen, för-dern aber naturgemäß eine größere

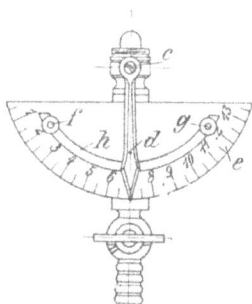

Fig. 40. **Präzisions-Düsenregulator mit Zeiger und Zifferblatt.** Dr. Fink-Berlin.

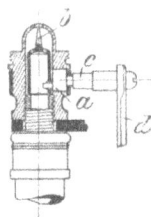

Fig. 41. **Preßgasdüse.** Vertikalschnitt. Dr. Fink-Berlin.

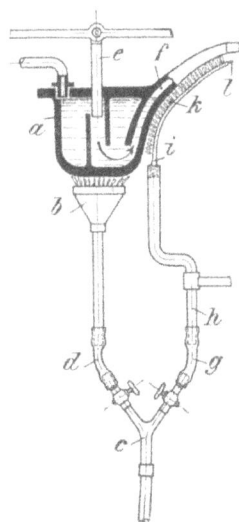

Fig. 42. **Preßgas-Brenner-arrangement für Schriftgießereien.** Dr. Fink-Berlin.

Gasmenge. Eine besondere Gebläseluftleitung ist nicht notwendig. F i n k[4]) in Berlin hat eine Regulierdüse für Preßgas konstruiert, die in Fig. 40 und 41 dargestellt ist. Die Düse

---

[1]) Zeitschr. d. österr. Gasver. 1910 S. 437. — [2]) Journ. f. Gasbel. 1910 S. 122. — [3]) Journ. f. Gasbel. 1910 S. 1048. — [4]) Berlin N.W. 52.

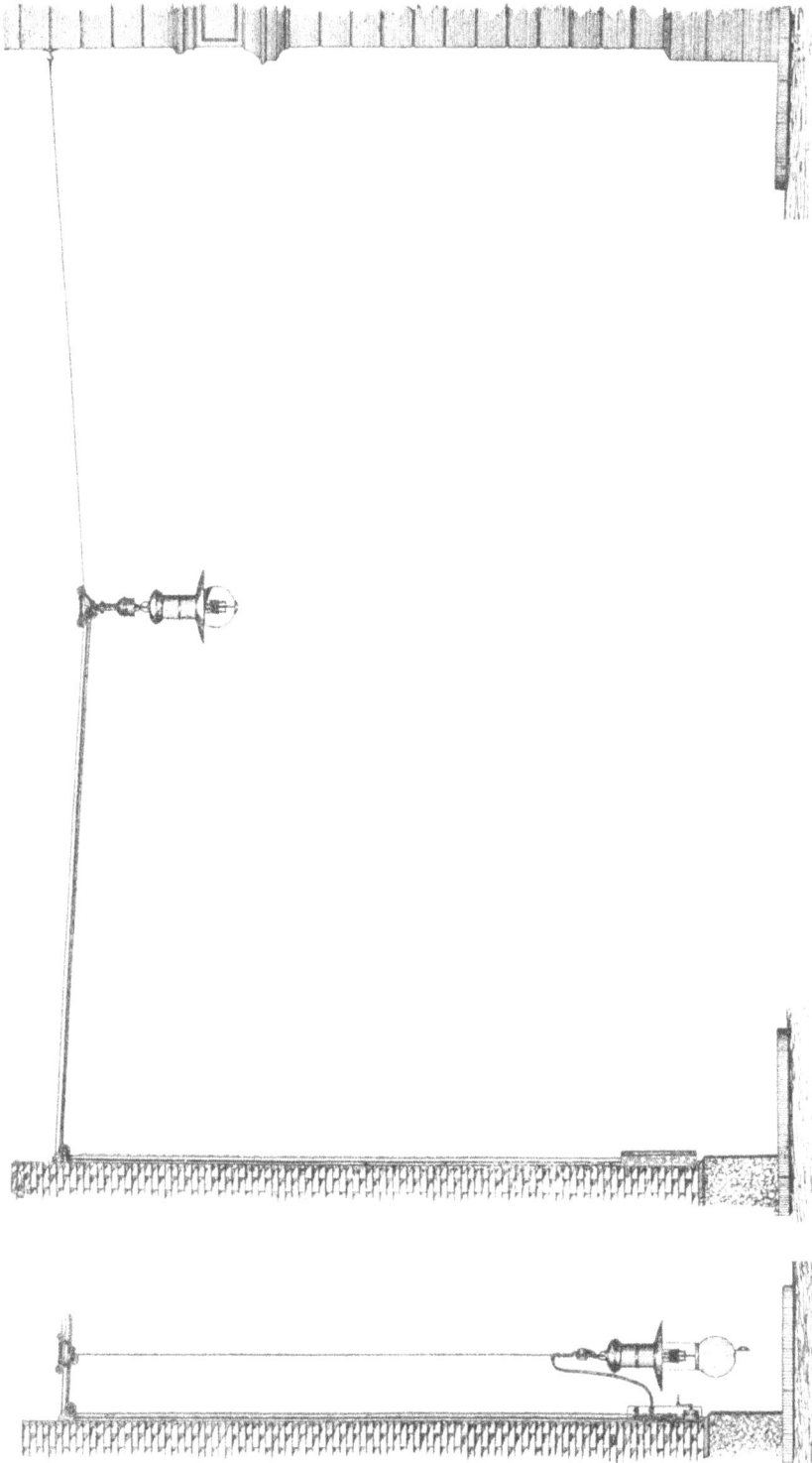

wird durch eine Nadel reguliert. Der Hebel $d$ stellt die konische Nadel $b$ durch einen im Konus $a$ geführten Exzenterverschluß. Da der Hebel $d$ mit dem Hahn in Verbindung steht, reinigt die Nadel die Düse beim jedesmaligen Entzünden und Verlöschen des Brenners. Die Brenner werden auf einen bestimmten Maximaldurchgang an Gas eingestellt, so daß seitens der Arbeiter keine Gasverschwendung getrieben werden kann. Einen Brenner mit Vorwärmung zeigt Fig. 42. Derselbe ist vornehmlich in Schrift-gießereien, bei den Setzmaschinen und in Metallschmelzereien in Anwendung.

**Laternen und Kandelaber.** Zufolge der Konzentration großer Lichtmengen in einem Punkt ist es erforderlich, die Lampen, die zur Straßenbeleuchtung dienen, in großen Höhen aufzuhängen. Die Bedienung kann dann nicht mehr mit der Leiter erfolgen und sind besondere Aufzugsvorrichtungen erforderlich. H i m m e l[1]) beschreibt seine Aufzugsvorrichtung »Omnia«. Bei dieser erfolgt der Anschluß an die Gasleitung beim Hochziehen automatisch. Die Vorrichtung ist auch für Straßenüberspannungen und Hallen geeignet (Fig. 43). Die Verbindung mit der Gasleitung wird durch ein einfaches Stopf-büchsenrohr bewirkt, in das ein an der Gaszuleitung befestigtes zylindrisches Rohr eintaucht. Das Ablaßseil dient gleichzeitig zur Bedienung des Hahnes. Die Zündung der Laterne erfolgt in der Weise, daß in die Steuerwinde am Fuße des Mastes der Schlüssel eingesteckt und auf »z« gedreht wird. Die Zündung des Gases erfolgt hierbei an einer Pille. Nach kurzem Warten wird langsam auf »4« gedreht. Die Lampe brennt dann voll. Soll die Lampe später auf halbe Flam-menzahl gedreht werden, so dreht man den Schlüssel weiter bis auf »2«. Zum Zwecke des Löschens dreht man den Schlüssel auf »aus« oder auf »Dauerflamme«. Mit der Himmelschen Vorrichtung sind auch Bahn-höfe beleuchtet worden. Die Anlagekosten sind nicht höher als jene von elektrischen Bogenlampen auf Hochmasten[2]). 30 Stück der letzteren zu je 600 Ker-zen Lichtstärke kosten M. 21 000, die gleiche Anzahl vierflammiger Omnia-Invertlaternen zu 500 Kerzen

Fig. 44.

kosten M. 24 000, mit Schlauchaufhängung dagegen nur M. 18 000. Auch W i t t[3]) be-schreibt Kandelaber mit Herablassungen, bei denen der gasdichte Abschluß durch eine Quecksilberkontaktbüchse erzielt wird.

Die A k t i e n g e s e l l s c h a f t f ü r G a s u n d E l e k t r i z i t ä t[4]) hat eine neue Laterne und Kandelaber für Straßenbeleuchtung für stehendes Gasglühlicht heraus-gegeben. Erstere ist dadurch charakterisiert, daß beim Herunterziehen des Reflektors das Dach der Laterne in die Höhe gehoben wird. Sie ist besonders auch für Invertlicht geeignet, und ist der Inverteinbau herausnehmbar. Ebenso ist das Lampengehäuse leicht abnehmbar, ohne die Glühkörper entfernen zu müssen. Die Lampe kann in 3 bis 5 Minuten auseinander-genommen und zusammengesetzt werden.

---

[1]) Journ. f. Gasbel. 1910 S. 203.
[2]) Journ. f. Gasbel. 1910 S. 1115.
[3]) Journ. f. Gasbel. 1910 S. 112. Vgl. auch Journ. f. Gasbel. 1910 S. 1124.
[4]) Journ. f. Gasbel. 1910 S. 673.

**Beleuchtung mit flüssigen Brennstoffen.** E h r i c h & G r a e t z[1]) haben eine Spiritus-Graetzinlichtlampe konstruiert, deren Teile leicht bloßgelegt und herausgenommen werden können (Fig. 44). Sie verbraucht 1 g Spiritus pro HK-Stunde und ist auch für Innenbeleuchtung geeignet.

**Waggonbeleuchtung.** Die Entwicklung der Waggonbeleuchtung bespricht G ö r g e r[2]). Die erste Eisenbahn in Deutschland, welche 1835 von Nürnberg nach Fürth gebaut wurde, besaß keinerlei Beleuchtung, da der Betrieb derselben am Abend eingestellt wurde. Später behalf man sich mit Kerzen, dann mit der Ölbeleuchtung, bei der man bis zum Jahr 1867 blieb. 1869 führte die Preußische Eisenbahnverwaltung die Ölgasbeleuchtung ein und im Jahre 1909 waren bereits 200 000 Waggons und Lokomotiven mit Ölgas versorgt. In den Jahren 1897 und 1898 wurden von P i n t s c h die ersten Versuche der Zumischung von Azetylen zum Ölgas gemacht, während das reine Ölgas bei 27 l Konsum nur 5,45 HK ergab, wurde durch den Azetylenzusatz bei gleichem Konsum eine Lichtstärke von 13,3 HK im gleichen Brenner erzielt. 1904 führte als erste die französische Ostbahn die Gasglühlichtbeleuchtung ein. Es stellte sich jedoch ein außerordentlich hoher Verbrauch an Glühkörpern ein, der heute durch das Hängelicht überwunden ist. Bei einem Verbrauch von 18 l Ölgas pro Stunde ergeben sich 43,3 HK, bei 26 l 59,3 HK und bei 33 l 74,5 HK.

Auch S p i t z e r[3]) erörterte die Entwicklung der Waggonbeleuchtung und erwähnte nach dem Übergang von der Kerze zur Rübölbeleuchtung die Beleuchtung von L a f o u r i e, die später durch Ölgas verdrängt wurde. In den letzten zehn Jahren kam die elektrische Beleuchtung hinzu, welche durch die Behörden ungewöhnlich forciert wurde. Das Ölgas wurde als sehr gefährlich hingestellt, da bei Zusammenstößen Brände vorgekommen waren. Bei dem Unglück bei Herlisheim fand jedoch die Inbrandsetzung durch einen elektrisch beleuchteten Postwagen statt. Eine Kommission von Fachleuten ist zur Überzeugung gelangt, daß die Gasbeleuchtung gegenüber der elektrischen erhebliche Vorzüge besitzt, so daß verschiedene Eisenbahnverwaltungen wieder zu ihr zurückgekehrt sind. In den Schlafwagen hat sich allerdings die elektrische Beleuchtung besser bewährt, weil die oberen Bettreihen durch die heizende Wirkung der Gasflamme zu sehr leiden. Beim Unglück von Uhersko entzündete sich das Gas nur dadurch, daß das Feuer der Lokomotive unvorsichtigerweise an den Wagen herangebracht wurde, bei welchem eine Gasausströmung vorhanden war. Bei dem Unglück bei Rottenmann stießen zwei Züge zusammen, welche beide mit Gas beleuchtet waren, und es entstand kein Brand. Aus alledem ist zu ersehen, daß durchaus nicht jeder Brand bei einem Zusammenstoß auf die Gasbeleuchtung zu schieben ist. Das Gas kann sich eben nur dann entzünden, wenn das Feuer der Lokomotive hinzukommt, und von diesem können auch Wagen mit elektrischer Beleuchtung entzündet werden. Bei der elektrischen Beleuchtung sind ebenfalls eine Reihe von Bränden aufgetreten, so geriet ein Schlafwagen der Pennsylvaniabahn durch Kurzschluß in Flammen. Das gleiche fand beim Luxuszug Kopenhagen—Berlin statt. Ebenso brach in einem Zug in Liverpool durch Kurzschluß Feuer aus. Alle diese Vorfälle zeigen, daß die Gasbeleuchtung beim normalen Betrieb sogar sicherer ist als die elektrische Beleuchtung, da diese auch während der Fahrt Brände erzeugen kann, wo bei Gasbeleuchtung eine Gefahr vollständig ausgeschlossen ist. Demgegenüber treten die Gefahren beim Zusammenstoß in den Hintergrund. In einer Sitzung des preußischen Staatseisenbahnrates erklärte der Regierungsvertreter W i l l i n g e r, daß durch die elektrische Beleuchtung 300 000 K Mehrauslagen

---

[1]) Journ. f. Gasbel. 1910 S. 877.
[2]) Journ. f. Gasbel. 1910 S. 209.
[3]) Journ. f. Gasbel. 1910 S. 588.

entstünden, und daß ihm kein einziger Fall einer Gasexplosion bei einem Zusammenstoß bekannt sei.

G o r l i t z e r[1]) kritisiert einen Artikel über elektrische Zugbeleuchtung, welche in
der Zeitschrift »Elektrotechnik und Maschinenbau« erschienen war. Er stellt ebenfalls
die Unfälle zusammen, bei welchen die elektrische Beleuchtung der Wagen eine Rolle ge-
spielt hat, und betont, daß die Einrichtung eines Wagens mit 11 Lampen a 32 HK 1500 bis
1800 K kostet, während die elektrische Einrichtung K 4500 koste. Das Gewicht einer Einrichtung für Gas beträgt 800 bis 900 kg. Der Preis des auf 10 Atm. komprimierten Ölgases
beträgt 49,51 h pro Kubikmeter einschließlich Verzinsung und Amortisation der Anlage.
Der Gasverbrauch pro HK und Stunde stellt sich auf 0,031 h und der Glühkörperverbrauch
auf 0,0041 h, zusammen kostet also die HK-Stunde bei Gasbeleuchtung 0,0351 h, während
die elektrische Beleuchtung 0,061 h pro HK-Stunde, also nahezu das Doppelte kostet.

**Lichtverteilung.** Von außerordentlicher Wichtigkeit erscheint die Festsetzung von
Normalien für die Beurteilung der Straßenbeleuchtung. Vom Verbande deutscher Elektro-
techniker sind solche bereits angenommen worden und dem Verein der deutschen Gas- und
Wasserfachmänner zur Stellungnahme vorgelegt worden, da eine Vereinigung auf diesem
Gebiete wünschenswert erscheint[2]). Nach diesen Vorschlägen des Verbandes deutscher
Elektrotechniker soll die mittlere horizontale Beleuchtungsstärke in 1 m Höhe über der
Straßenoberfläche als Maß der Beleuchtung gelten, und es soll außerdem die maximale und
die minimale Horizontalbeleuchtung angegeben werden. Das Verhältnis der Maximal-
zur Minimalhorizontalbeleuchtung bezeichnet die Ungleichmäßigkeit. Der spezifische Ver-
brauch ist für 1 Lux mittlerer Horizontalbeleuchtung auf 1 qm Bodenfläche zu berechnen.
Die Frage, ob die Horizontal- oder die Vertikalbeleuchtung als maßgeblich zu betrachten
sei, wurde somit zugunsten der ersteren entschieden. Die Gründe dafür sind, daß die Vertikalbeleuchtung außerordentlich starke Schwankungen aufweist, da sie gerade unterhalb einer
Lampe nahezu Null wird. Außerdem müßte die Vertikalbeleuchtung mindestens in vier
Richtungen gemessen werden, während bei der Horizontalbeleuchtung nur eine Messung
erforderlich ist. Das richtigste wäre eigentlich, die Beleuchtung in der Höhe der Straßendecke selbst zu messen, doch ist dies praktisch nicht ausführbar, und mißt man daher in
1 m Höhe über der Straßendecke.

Betreffs der Beurteilung der Lichtquellen für die Beleuchtung hält W h i t a k e r[3])
die Angabe der sphärischen Lichtstärke allein für ungenügend. Es ist stets die untere hemisphärische Lichtstärke mit anzugeben. Die Beurteilung, ob diese oder jene maßgeblich ist,
muß von Fall zu Fall dem Zweck entsprechend vorgenommen werden. Bei der Straßenbeleuchtung ist nur die untere hemisphärische Lichtstärke maßgeblich. Bei Innenbeleuchtung kommt dagegen auch das nach oben gesendete Licht in Betracht, da man die Zimmer
auch gerne in der oberen Hälfte erhellt hat. Aus diesem Grunde ist das Hängelicht für
Innenbeleuchtung nicht immer am günstigsten[4]). Über die Beleuchtung von Schulsälen
mit Gasglühlicht hielt F r e y t a g[5]) einen Vortrag. Die meisten Augenkrankheiten entstehen im Kindesalter, in Gymnasien wurden 64% der Schüler als kurzsichtig befunden.
Dies ist allerdings nicht allein auf die künstliche Beleuchtung, sondern auch auf die natür-
liche Beleuchtung zurückzuführen, da diese oft auch ungenügend ist. Als künstliche Beleuchtung eignet sich am besten Gasglühlicht, da dieses dem Tageslicht am ähnlichsten ist.

---

[1]) Zeitschr. d. österr. Gasver. 1910 S. 193.
[2]) B l o c h, Journ. f. Gasbel. 1910 S. 684.
[3]) Journ. of Gaslightg. 1910 S. 647.   Journ. f. Gasbel. 1910 S. 583.
[4]) Journ. f. Gasbel. 1910 S. 1040.
[5]) Journ. f. Gasbel. 1910 S. 49.

Auch nach der Ansicht M a c b e t h s[1]) sollte bei der Einrichtung von Beleuchtungsanlagen stets auch der Augenarzt befragt werden und sollten eigene Beleuchtungsexperten herangezogen werden. Jede Installation sollte gründlich studiert werden und künstlerisch ausgebildet werden. Auch neue Beleuchtungseffekte wären erforderlich. R ö d e n b e c k[2]) verweist diesbezüglich auf das Künstlerglas der D r e s d n e r K u n s t g e n o s s e n s c h a f t. Bei Wandarmen sind die Beleuchtungskörper zweckmäßig in verkleideten Mauernischen anzubringen, bei Hängearmen unter der Decke. Für Beleuchtung von Festsälen und Konzertsälen empfiehlt R ö d e n b e c k die Anordnung eines Oberlichtes aus Mattglas, über welchem eine entsprechende Anzahl von Invertlampen, die mit Fernzünder zu versehen sind, angebracht werden.

Von großer Wichtigkeit ist auch die Gleichmäßigkeit, mit der das Licht von einer Lichtquelle ausgesendet wird, denn das schwankende Licht übt auf das Auge einen sehr ungünstigen Einfluß. Die elektrischen Bogenlampen zeigen die größten Schwankungen. P r e s s e r[3]) gibt ein Verfahren an, um die Schwankungen der Lichtquellen selbsttätig aufzuzeichnen. Hierzu dient eine Selenzelle, welche mit einem registrierenden Strommesser in Verbindung steht. Das Selen ändert bekanntlich seinen Widerstand, den es einem elektrischen Strom entgegensetzt mit der Beleuchtung; ist also die Selenzelle in einen Stromkreis eingeschlossen, so schwankt die Stromstärke entsprechend den Schwankungen der Lichtstärke. Für diesen Zweck ist eine Selenzelle von außerordentlich geringer Trägheit erforderlich, und wird diese dadurch erzielt, daß das Selen als feiner Hauch auf die Elektroden aufgetragen wird.

Über einen neuartigen Reflektor berichtet H r a d o v s k y[4]). Er nennt ihn »Totalreflektor«. Er besteht aus einem emaillierten Reflektor aus Eisenblech und einem ringförmigen Reflektor aus Kristallglas der optisch total reflektierend wirkt. Der Durchmesser, des stark beleuchteten Kreises, der auf der Bodenfläche erzielt wird, ist doppelt so groß als die Aufhängehöhe. Dieser Reflektor ist besonders für Fabriken, Werkstätten, Warenhäuser, Bahnhofshallen, hohe Schaufenster usw. geeignet. Die Lichtverluste, die er bedingt, betragen nur 11%.

**Zündvorrichtungen.** Die wirtschaftlichen Vorteile der Gasdruckfernzündung erfahren mehr und mehr Würdigung. D o b e r t hebt dieselben neuerdings hervor. Die Zündung der Laternen kann der Witterung entsprechend zu jeder beliebigen Zeit erfolgen, und es ergibt sich eine durchschnittliche Ersparnis von ½ bis ¾ Brennstunde zufolge des gleichzeitigen Zündens der Laternen. Auch bei den Nachtlaternen ist eine beträchtliche Ersparnis zu erzielen. Im ganzen gibt D o b e r t die Ersparnis mit 135 Brennstunden an und die Ersparnis an Gas mit 8000 cbm für die Tagesflammen und 2000 cbm für die Nachtflammen, zusammen mit 10 000 cbm. Bei Einsetzung dieser Zahlen ergab sich jedoch noch ein Rückgang des Gasverlustes, so daß die effektive Ersparnis noch höher sein und 35 cbm pro Flamme und Jahr betragen dürfte. Für 500 Laternen sind zwei Laternenputzer erforderlich, und wird dabei jede Laterne alle 14 Tage mindestens einmal gereinigt. Diese zwei Laternenputzer erhalten M. 2400, während gegenüber dem früheren Betrieb acht Laternenwärter mit einem Lohn von M. 4800 entbehrlich werden, so daß jährlich M. 2400 an Löhnen gespart werden. Die Ersparnis pro Laterne beträgt M. 8,65 pro Jahr. Der Verfasser empfiehlt speziell den B a m a g - Fernzünder, welcher keine Reparaturen erforderte und dessen Anschaffungskosten sich nach der Berechnung des Verfassers in drei Jahren amortisieren. Ein

[1]) Illum. Eng. 4 S. 277. Zeitschr. d. österr. Gasver. 1910 S. 236.
[2]) Zeitschr. d. österr. Gasver. 1910 S. 326.
[3]) Journ. f. Gasbel. 1910 S. 530. Elektrtechn. Zeitschr. 1910 S. 187.
[4]) Elektrotechn. Zeitschr. 1910 S. 11. Journ. f. Gasbel. 1910 S. 530.

besonderer Vorteil der Gasdruckfernzündung ist auch der, daß durch diesen die Druckverhältnisse im Rohrnetz beständig unter Kontrolle stehen und stets studiert werden müssen.

G ö h r u m[1]) gibt eine Übersicht über die in Gebrauch befindlichen Zündvorrichtungen.
Er teilt sie in drei Gruppen ein, nämlich die Uhrwerkszündung, die elektrische Fernzündung
und die Gasdruckfernzündung. Als Bedingungen für einen guten Zünder stellt G ö h r u m
folgende:

1. Das Zünden und Löschen muß zuverlässig sein, es muß nach Bedarf erfolgen können.

2. Durch die Betätigung der Zünder darf keine Beeinträchtigung der Privatbeleuch-
tung stattfinden.

3. Die Fernzündanlage darf keine zu hohen Anlagekosten erfordern.

Die Druckwellenfernzündung wurde zuerst von Prof. K l i n k e r f u ß in Göttingen
angewendet. Stuttgart hat jetzt bereits 4 bis 5000 Bamagzünder in Betrieb und ergeben sich
täglich nur einige Versager. Als Vorteile der Stuttgarter Fernzündanlage gibt G ö h r u m an:

1. Das Zünden und Löschen erfolgt in einer Minute.

2. Bei außergewöhnlicher Dunkelheit ist man nicht von der Bedienungsmannschaft
abhängig, sondern man kann die Laternen nach Bedarf sofort zünden.

3. Die Entflammung erfolgt nicht stoßweise; dadurch ist der Glühkörperkonsum
in Stuttgart von 9900 auf 4400 im Jahr zurückgegangen, ebenso ist der Verbrauch an Zylin-
dern von 4100 Stück auf 600 im Jahr zurückgegangen.

4. Es ist eine geringere Zahl, jedoch besser geschulter Arbeiter erforderlich.

5. Die Druckverhältnisse des Rohrnetzes stehen unter beständiger Kontrolle.

6. Die wirtschaftlichen Vorteile der Gas- und Lohnersparnisse. Die Gasersparnis
betrug in Stuttgart vom 1. Dezember bis 31. März 14 100 cbm. Die Löhne gingen von M. 21 290
auf M. 4250 zurück. Die gesamte Ersparnis betrug innerhalb dieser Monate M. 19 710, wovon
der Konsum an Zündflammen abzurechnen ist. Die Kosten desselben betragen M. 2640,
so daß eine Ersparnis von M. 10 070 auf die drei Monate verbleiben, weshalb die jähr-
liche Ersparnis auf M. 50 000 eingeschätzt werden kann.

Daß übrigens die Gasdruckfernzündung nicht ohne weiteres an allen Orten gute Resultate ergeben muß, geht aus einem Berichte B u h e s[2]) über die Erprobung derselben
in Breslau hervor. Auch die Berliner Deputation für Gasbeleuchtung kam zu dem
Resultat, daß die Gasdruckfernzündung für Berlin nicht verwendbar sei. In Breslau sind
es speziell die Rohrnetzverhältnisse, welche die Anwendung der Druckzünder erschweren.
Es ist dort eine Druckwelle von 135 mm erforderlich, für welche der Druck der Gasglocken
allein nicht ausreicht, sondern ein Teleskop des Gasbehälters eingehängt sein muß. Diese
hohe Druckwelle beeinflußte auch das Hängelicht, und auch die nassen Gasmesser litten
unter derselben. Außerdem ergab sich keine Ersparnis und tritt daher B u h e dafür ein,
daß vor der Anbringung von Gasfernzündern die örtlichen Verhältnisse genau geprüft werden
müssen. G ö h r u m[3]) verweist gegenüber der Abhandlung B u h e s auf den Vorzug, daß
durch die Fernzünder eben eine Kontrolle des Rohrnetzes erzwungen wird. Es soll eben
unter allen Umständen ein einwandfreies Rohrnetz angestrebt werden; nur dann sind Schwierigkeiten an den Brennern vollständig ausgeschlossen. Nach G ö h r u m genügen an den
Laternen auf alle Fälle 20 mm Druckerhöhung. Es kommt also nicht auf die absolute Druck-
höhe an, sondern auf das Verhältnis zum höchsten Abenddruck. Eine Druckerhöhung von
135 mm im Gaswerk sinkt in der Stadt auf eine normale Druckerhöhung herab, und richtig

[1]) Journ. f. Gasbel. 1910 S. 490. Zeitschr. d. österr. Gasver. 1910 S. 320.

[2]) Journ. f. Gasbel. 1910 S. 697.

[3]) Journ. f. Gasbel. 1910 S. 876.

eingestellte Brenner können dadurch nicht gestört werden. G ö h r u m meint auch, daß Zins und Amortisation der Fernzündanlage nicht berücksichtigt werden müsse, weil sich die ganze Anlage in drei Jahren durch Ersparnisse amortisiere.

Den neuen S i e m e n s schen pneumatischen Fernzünder führte R ö d e n b e c k [1]) auf der österreichischen Gasfachmännerversammlung in Innsbruck vor. Er ist in Fig. 45 dargestellt. Ventile und Membranen sind als unsichere Organe gänzlich vermieden. Die Absperrung und Öffnung des Gaszuflusses zum Brenner erfolgt durch Ansteigen oder Ab-fallen einer Quecksilbersäule, die durch Druckluft betätigt wird. Die innere Glocke kann höher oder tiefer geschraubt werden, wodurch eine Auswahl des Druckes ermöglicht wird. Als Druckluftzentrale dient eine beschwerte Glocke. Beim Löschen kann die Luftleitung durch einen Dreiweghahn ent-leert werden. Die Luft muß durch Chlorkalzium ent-feuchtet sein, damit keine Kondensationen vor-kommen. Der Vorzug der Druckluftfernzünder vor den Gasdruckfernzündern liegt hauptsächlich in der Unabhängigkeit vom Gasrohrnetz und in der Unabhängigkeit vom Gaswerk selbst. Die Ein-schaltung kann von einem beliebigen Punkte in der Mitte der Stadt erfolgen, und bei Verbands-gaswerken kann die Zündung in jeder Gemeinde für sich erfolgen.

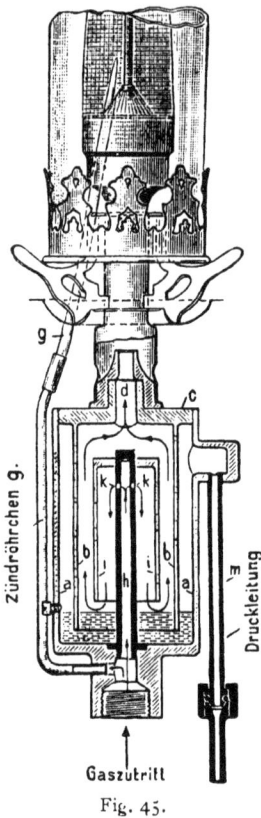

Zündröhrchen g.

Druckleitung

Gaszutritt

Fig. 45.

Die von S a c h s e konstruierte pneuma-tische Gasfernzündung ohne Dauerflamme wurde von F r i t s c h e [2]) erörtert und zwar sowohl für stehendes Gasglühlicht als auch für hängendes Gas-glühlicht. Das Öffnen der Zündflammenleitung erfolgt durch den Druck der Luft auf einen Kolben. Die Ent-zündung erfolgt an einer Zündpille. Sobald der Druck nach der Zündung wieder ausgeglichen ist, fällt der Kolben durch sein Eigengewicht herab, wodurch die Zündflamme erlischt.

Fig. 46.

Über den elektrischen Fernzünder von L a n g e [3]) be-richtet W e n d t [4]).

Er hat den Namen »Imperialzünder« erhalten und charakterisiert sich durch eine Kontaktstange, die mit dem Anker verbunden ist und durch diesen in Schwingungen ver-setzt wird. Es treten dadurch Funkenbildungen an der Kontaktstelle ein, die das Gas an einem Zündflammenrohr entzünden. Bei Unterbrechung des Stromes schließt sich das Zündflammenventil. Der Vorzug dieser Anordnung besteht darin, daß die Funken-bildung 4 mm unterhalb des Brennerkopfes stattfindet, so daß ein Ausglühen der Kon-taktstelle ausgeschlossen ist.

Die mit Platinpillen arbeitenden Gasselbstzünder haben nicht jene Verbreitung ge-funden, wie man dies bei der großen Einfachheit dieser Zündmethode erwarten sollte. Die

[1]) Zeitschr. d. österr. Gasver. 1910 S. 326.
[2]) Journ. f. Gasbel. 1910 S. 743.
[3]) Berlin W. 62, Gleiststraße 5.
[4]) Journ. f. Gasbel. 1910 S. 851.

Ursache davon liegt darin, daß das Publikum durch häufig unzuverlässiges Arbeiten derselben enttäuscht worden ist[1]). Fig. 46 zeigt einen im Handel häufig erhältlichen Zünder. Der Beanspruchung der Patrone darf nicht die Schuld an dem oft schlechten Funktionieren beigemessen werden. Oberhalb des Zylinders sind Gasluftgemische von ganz verschiedener Zündfähigkeit vorhanden; es ist daher zweckmäßig, mehrere Zündpillen an verschiedenen Stellen der Patrone anzubringen. Auch die Anbringung eines schrägen Schirmes, welcher die Gase sammelt, begünstigt die Zündung. Die Einwirkung des Staubes scheint von nicht allzu großer Bedeutung zu sein. Es wurden vielfache Konstruktionen angewendet, um die Pille vor Erwärmung und vor dauernder Bespülung mit Abgasen zu schützen. So z. B. hat Grix[2]) die Pille an einem Flügelrade aufgehängt, welches durch die Wärme der Abgase

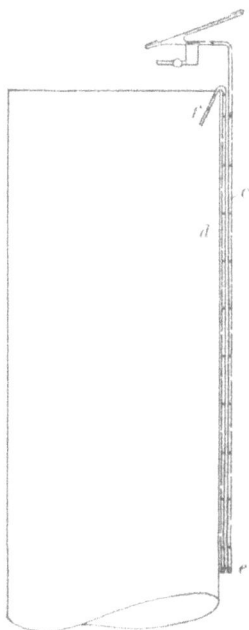 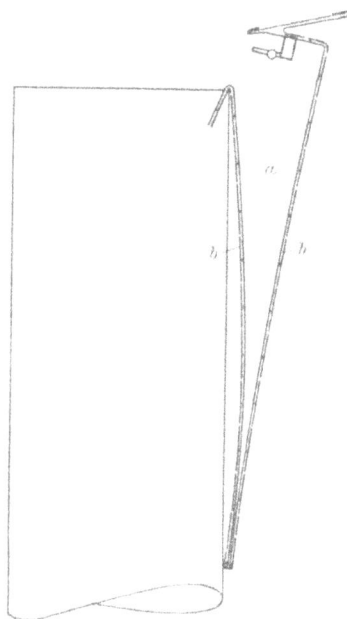

Fig. 47.                    Fig. 48.

in Rotation versetzt wurde, wodurch die Pille seitlich über den Zylinderrand hinausgeschleudert wurde. Auch bewegliche Marienglasscheiben wurden verwendet, die ebenfalls durch den Auftrieb der Abgase gehoben wurden, wodurch die daran aufgehängte Pille aus dem Bereich der Abgase herausgebracht wurde. Weil jedoch die hohen Temperaturen der Lagerung der beweglichen Teile schädlich sind, so verzichten die meisten Zünderfabrikanten auf die Entfernung der Pille aus der Zone der Abgase und suchen sie nur durch Drahtnetze oder perforierte Glimmerplättchen zu schützen, dies ist aber nur ein unvollkommener Schutz, weil dann doch ein Teil der Abgase die Pille bespült. Grix hat daher eine Vorrichtung konstruiert, welche die Pille aus der Abgaszone entfernt, ohne bewegliche Gelenke zu besitzen. Fig. 47 zeigt dieselbe vor der Entzündung, Fig. 48 während des Brennens. Das Herausdrehen der Pille erfolgt durch einen Streifen aus zweierlei Metall. Vor anderen ähnlichen Konstruktionen bietet diese den Vorteil, daß zufolge der Länge und doppelten Wirkung

---

[1]) Journ. f. Gasbel. 1910 S. 457.   Zeitschr. d. österr. Gasver. 1910 S. 295.
[2]) Journ. f. Gasbel. 1910 S. 457.   Zeitschr. d. österr. Gasver. 1910 S. 295.

des Streifens nur eine geringe Temperaturerhöhung desselben erforderlich ist, während die kleinen Spiralen, die früher verwendet wurden, nach der starken Erhitzung, der sie ausgesetzt werden müssen, nicht wieder genau in ihre ursprüngliche Ruhelage zurückkehren. Auch hatte dort die Patrone zufolge Fehlens eines Anschlages keine bestimmte Lage für die Zündung. Zufolge dieser Verbesserung konnten mit einer Patrone innerhalb dreier Monate über 1000 Zündungen durchgeführt werden. Bei Hängelicht ist der Apparat außen an der Mantelfassung befestigt. Die Schwierigkeiten sind hier größer als beim stehenden Licht[1]). Man muß die Patrone möglichst nahe dem oberen Rande eines der innen stehenden Schutzbleche des Abzugsrohres anbringen. Die beiden Seiten sind oft in bezug auf die Zündung nicht gleichwertig. Die Abgase wirken noch schädlicher als bei stehendem Licht, weil die Temperaturen höhere sind. Blakerzünder sind hier kaum anwendbar. Mit dem von G r i x konstruierten Zünder (Fig. 49) wurden auch hier gute Resultate erzielt. Als Zündpatrone kommt am besten die von N o v a k hergestellte trommelartige Zündpille zur Anwendung. Nimmt man allzu dünne Zünddrähte, so kommen Rückschläge vor, weil die Zündung zu rasch erfolgt. Etwas dickere Drähte (0,06 mm) sind daher vorzuziehen.

Die von A u e r v. W e l s b a c h gefundene Eigenschaft des Metalles Cer, in Legierung mit Eisen ein Metall zu geben,

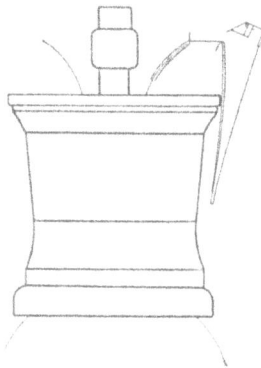

Fig. 49.

welches beim Reiben mit härteren Gegenständen starke Funkengarben gibt, dürfte auch für die Zündung von Gasflammen noch von großer Bedeutung werden. Jedoch nicht nur die geschmolzene Legierung, sondern auch gefrittete Gemische von Legierungen und Oxyden zeigen diese Eigenschaft. Man unterscheidet demnach zweierlei Arten pyrophorer Metalle: Auermetall I, geschmolzen und Auermetall III, gefrittet. Beide können in beliebiger Weise bearbeitet werden, doch müssen sie dabei mit einem starken

Fig. 50.

Strom von Mineralölen gekühlt werden. Ein Patent auf die Erfindung dieser pyrophoren Metalle konnte nicht aufrechterhalten werden[2]). In Österreich wird das Metall von den T r e i b a c h e r c h e m i s c h e n W e r k e n, in Deutschland von der P y r o p h o r - M e t a l l - G e s e l l s c h a f t in Köln-Lindenthal geliefert, es kostet hier M. 80 pro kg. Außer den vielen Firmen, welche Taschen-Reibfeuerzeuge erzeugen, sind nachstehende zu erwähnen, die Gaszünder liefern:

Die A.-G. f ü r S e l a s b e l e u c h t u n g, Berlin N, Gerichtsstr. 23, bringt einen Reibzünder mit pistolenartigem Griff (Fig. 50) in den Handel. Auch G e b r. J a k o b in Zwickau liefern Cereisenzünder unter dem Namen »Jago« Transportable Gaszünder liefern ferner: B ü n t e & R e m m l e r, Frankfurt a. M., Lahnstr. 60, G u s t a v M i t t e l s t e n s c h e i d, Köln-Lindenthal, F. H e r b e r, Effern bei Köln, M e t a l l w a r e n f a b r i k i n B e r g e n - o p - Z o o m, Holland, R o b e r t F u ß, Bonn, Kaiserstr. 34.

---

[1]) Journ. f. Gasbel. 1910 S. 1193. — [2]) Journ. f. Gasbel. 1910 S. 270.

**Vergleich der Beleuchtungsmittel, elektrisches Licht.** Der Gasabsatz könnte eine noch wesentlich größere Steigerung erfahren, wenn die Propaganda und die Zeitungsreklame dem Gase in gleicher Weise dienstbar wären wie dem elektrischen Lichte. L e m p e l i u s [1]) vergleicht treffend die Elektrizität mit einem talentvollen Jüngling voll Selbstgefühl, dem die Gastechnik als Mann in seiner vollen Kraft gegenübersteht, der seinem Brotherrn, vorwiegend den Stadtgemeinden, Gewinn schafft wie sonst niemand. Ebenso betont S c h i l - l i n g [2]) mit Recht, daß das Gas im Gemeindehaushalte oft die schweren Lasten zu tragen hat, an denen die Elektrizität nicht in gleichem Maße teilnimmt. Die Vorzüge des Gases können sich nur dann voll entfalten, wenn es nicht durch höhere Gewinnabgaben belastet ist als die Elektrizität. S c h i l l i n g hebt auch hervor, daß die Landwirtschaftskammer für die Provinz Schlesien davor warnt, mit der Gründung von elektrischen Überlandzentralen allzueifrig vorzugehen. Der Ausbau der Wasserkräfte ist häufig so teuer, daß eine Dampfanlage zweckmäßiger ist. Die Landwirtschaft ist außerdem die schlechteste Abnehmerin für Elektrizität. Zum Kochen ist letztere überhaupt kaum verwendbar, denn 1 l Wasser, bei einem Strompreise von 20 Pf. pro KW zum Sieden erhitzt, würde 2,24 Pf. kosten, während die entsprechende Gasmenge bei einem Einheitspreise von 14 Pf. pro cbm nur 0,5 Pf. kostet.

Aber auch betreffs des Lichtes und speziell der Qualität desselben wird das Gaslicht dem elektrischen bereits vielfach vorgezogen. So meldet W r i g h t i n g t o n [3]) von einer Versuchsinstallation in Boston, die zum Zwecke des Vergleiches errichtet worden ist, daß das Gas wegen des milderen und gleichmäßiger verteilten Lichtes dem elektrischen Lichte vorgezogen wurde. Für die untere hemisphärische Lichteinheit wurden beim stehenden Auerbrenner 1,21, beim Invertlicht 0,80 und beim Preßgas 0,52 l stündlich verbraucht.

W i t t [4]) bemerkt, daß zugunsten des Hängelichtes gegenüber dem elektrischen Bogenlichte auch der Umstand spricht, daß bei letzterem keine Reduktion der Lichtstärke möglich ist.

F r e i t a g [5]) hebt neuerdings die Vorzüge des Gasglühlichtes für die Beleuchtung von Schulsälen hervor, die auch darin liegen, daß das Licht dem Tageslichte am ähnlichsten ist. Auch für photographische Zwecke ist Gasglühlicht vorzuziehen [6]), weil es nach Wunsch leicht einstellbar und dabei billiger ist als elektrisches Bogenlicht. Ebenso weist R o ß - k o t h e n [7]) darauf hin, daß das Hängelicht nicht nur wirtschaftlich sondern auch betreffs der Farbe und der Gleichmäßigkeit der glühenden Fläche dem elektrischen Glühlichte überlegen ist, welch letzteres durch seine dünnen glühenden Fäden dem Auge schadet.

Allerdings ist es außerordentlich wichtig, daß Brenner und Glühkörper speziell beim Hängelicht stets in Ordnung gehalten werden. Die Lichtkonsumenten lassen sich daher auf die Dauer nur erhalten, wenn das Gaswerk durch geschulte Leute die laufende Unterhaltung der Gasglühlichtbrenner übernimmt.

Wie statistisch schon wiederholt nachgewiesen worden ist, ist das Gas auch in bezug auf die Brandgefahr der Elektrizität überlegen. Nach der letzten Brandstatistik von London [8]) kommt ein Brandfall auf 3012 Gasverbraucher, während durch Elektrizität im Durchschnitt ein Brandfall auf je 1113 Verbraucher hervorgerufen wurde.

[1]) Journ. f. Gasbel. 1910 S. 361.
[2]) Journ. f. Gasbel. 1910 S. 545.
[3]) Journ. of Gaslightg. 1910 S. 33. Journ. f. Gasbel. 1910 S. 425.
[4]) Journ. f. Gasbel. 1910 S. 112.
[5]) Journ. f. Gasbel. 1910 S. 49.
[6]) Journ. of Gaslightg. Bd. 10. Zeitschr. d. österr. Gasver. 1910 S. 533.
[7]) Journ. f. Gasbel. 1910 S. 1145.
[8]) Journ. of Gaslightg. 1910 S. 91. Journ. f. Gasbel. 1910 S. 686.

W e d d i n g [1]) machte neuerdings wieder eine Zusammenstellung über die Kosten verschiedener Beleuchtungsarten. Danach kosten je 100 HK pro Stunde:

bei elektrischen Kohlenfadenlampen. . . . . . . . . . . . 21 Pf.
» gewöhnlichen Petroleumlampen . . . . . . . . . . . 9,4 »
» Tantallampen . . . . . . . . . . . . . . . . . . . . . 9,0 »
» gewöhnlichen Bogenlampen mit Glocke . . . . . . . 9,0 »
» Wolframlampen . . . . . . . . . . . . . . . . . . . 8,0 »
» hängendem Gasglühlicht . . . . . . . . . . . . . . 1,8 »
» Flammenbogenlampen . . . . . . . . . . . . . . . . 1,4 »
» Preßgas-Invertlicht. . . . . . . . . . . . . . . . . . 0,9 »

W e d d i n g anerkennt auch die Vorzüge der Straßenbeleuchtung mit Preßgas. In Berlin sind bereits 1693 Graetzin-Preßgaslampen mit fast vier Millionen Kerzen Lichtstärke in Betrieb. W e d d i n g hebt besonders die Stärke und Gleichmäßigkeit sowie die Billigkeit dieser Beleuchtung hervor.

H i m m e l [2]) gibt eine Betriebskostenberechnung von Bogenlampen und Gasglühlichtlampen auf Hochmasten wie folgt:

Bogenlampe von 8 Amp. à 600 HK verbraucht 440 W
à 25 Pf./KW einschließlich Kohlenstifte und Steuer . . 13,2 Pf. pro Stunde
4 Invertgasbrenner, 440 l à 15 Pf./cbm einschließlich 36 Glühkörper pro Jahr . . . . . . . . . . . . . . . . . 7,2 » » »
Hochmastlampe mit Preßgas 650 HK, 350 l à 15 Pf./cbm
einschließlich Kompression, Glühkörper und Steuer. . . 6,5 » » »
Hochmastlaterne mit 1000 HK, 550 l Gas à 15 Pf./cbm einschließlich Kompression und Glühkörper . . . . . . . 9,75 » » »

Eine ausführliche Untersuchung über verschiedene elektrische Glühlampen veröffentlichte H e i n b a c h [3]). Er prüfte sie nicht nur auf den Wattverbrauch pro HK, sondern auch auf das relative Strahlungsvermögen, d. i. das Verhältnis der Gesamtstrahlung zur aufgewendeten Energie, ferner auf den Lichteffekt, womit er das Verhältnis der Lichtstrahlung zur Gesamtstrahlung bezeichnet und schließlich auf den Nutzeffekt, d. i. das Verhältnis der Lichtstrahlung zur aufgewendeten Energie. Derartige Untersuchungen, welche den Faktor der gesamten Lichtstrahlung enthalten, haben immer einen gewissen Grad der Unsicherheit in sich, weil man nie genau angeben kann, bei welcher Wellenlänge die Lichtempfindlichkeit des Auges aufhört. Die Lichtempfindlichkeit verliert sich eben nur allmählich gegen das ultrarote Ende des Spektrums, und es kann diesbezüglich kein bestimmter Punkt angegeben werden. Die Fehler, welche dadurch entstehen, sind groß. weil gerade die Strahlungsenergie der roten und ultraroten Strahlen im Verhältnis zur Lichtwirkung sehr groß ist. H e i n b a c h fand den mittleren spezifischen Wattverbrauch pro HK, wie folgt:

Kohlenfadenlampe . . . . . . . . . . . . . . . 3,8 W/HK
Nernstlampe . . . . . . . . . . . . . . . . . . . . 2,0 »
Tantallampe . . . . . . . . . . . . . . . . . . . . 2,0 »

---

[1]) Journ. f. Gasbel. 1910 S. 1155.
[2]) Journ. f. Gasbel. 1910 S. 1115.
[3]) Chem. Zentralblatt 1910 S. 695. Zeitschr. d. österr. Gasver. 1910 S. 485.

Osramlampe . . . . . . . . . . . . . . . . 1,5 W/HK
A. E. G.-Lampe . . . . . . . . . . . . . . 1,7 »
Bergmannlampe . . . . . . . . . . . . . . 1,7 »
Just-Wolframlampe . . . . . . . . . . . . 1,5 »
Jirino-Kolloidlampe . . . . . . . . . . . . 1,5 »

Diese Zahlen sind beträchtlich höher, als man sonst bei derartigen Angaben über die Metall-fadenlampen gewöhnt ist. Dies rührt wohl daher, daß hier der Verbrauch pro mittlere sphä-rische Kerze angegeben ist, während man sonst meist nur den günstigsten Wert der hori-zontalen Lichtstärke angegeben findet. So z. B. fand die physikalisch-technische Reichsanstalt bei Lampen mit niedrigen Lichtstärken einen Verbrauch von 1,1 Watt auf die mittlere horizontale, aber 1,4 Watt auf die mittlere sphärische Lichteinheit[1]).

Über die neue »Wotanlampe« der Firma Siemens & Halske berichtete Bentsch[2]) Der Name ist aus der Vereinigung der Worte »Wolfram« und »Tantal« entstanden. Bei dieser Lampe ist nämlich der Vorzug der größeren Festigkeit der Tantallampe auf den spar-samer brennenden Wolframfaden dadurch übertragen, daß der letztere nicht wie bisher nach dem sog. Spritzverfahren aus Wolframverbindungen, sondern aus einem gezogenen Wolframdraht hergestellt wird. Dadurch hat derselbe eine größere Elastizität und ist Er-schütterungen gegenüber widerstandsfähiger. Allerdings verliert er seine Elastizität all-mählich teilweise, so daß auch die Wotanlampe nicht so starken Stößen ausgesetzt werden darf wie die Tantallampe. Dagegen braucht sie wie die anderen Wolframlampen nur etwas über 1 Watt pro HK. Sie wird sowohl in Form von Miniaturlampen mit 1 bis 16 Volt als auch für 100, 200, 300 und 400 HK Lichtstärke hergestellt.

Ein Beispiel dafür, daß das Gas auch den größten Fortschritten der Elektrizität die Spitze zu bieten vermochte, ist darin gegeben, daß im Jahre 1891 die Wasserkräfte des Laufener Falles in Form elektrischer Energie nach Frankfurt a. M. geleitet wurden und man damals annahm, die Wasserkräfte Süddeutschlands würden berufen sein, das Licht-bedürfnis des Nordens zu decken, wogegen im Jahre 1906 Lauffen selbst sich veranlaßt sah, ein Gaswerk zu errichten[3]).

**Gasheizung, Gasmotoren.** Die Kochgasleitung muß ihren Weg in jede Küche finden[4]), das sollte sich jede Gaswerksverwaltung immer vor Augen halten. Wenn schon die Ein-führung eines billigen Einheitsgaspreises nicht möglich ist, so sollte jedem Haushalte die Möglichkeit geboten werden, beliebig viele Leuchtflammen an die Kochgasleitung anzu-schließen.

Auch die Hygiene fordert die lebhafteste Unterstützung der möglichst allgemeinen Einführung der Gasheizung durch alle hierzu berufenen Faktoren. Unsere gegenwärtigen Feuerungen liefern eine Unmenge von Ruß und schwefeliger Säure in die Luft, die wir Groß-städter zum Schaden unserer Atmungsorgane einatmen müssen[5]). Bei der Gasfeuerung hingegen bleibt der größte Teil des Schwefels der Kohle in der Reinigungsmasse zurück und wird dort nutzbringend verwertet. Auch sehr hervorragende Elektriker bezeichnen die Heizung als unbestrittene Domäne des Gases[6]).

---

[1]) Zeitschr. f. Instrumentenkunde 1910 S. 181. Journ. f. Gasbel. 1910 S. 746.
[3]) Journ. f. Gasbel. 1910 S. 1185.
[3]) Messinger: Journ. f. Gasbel. 1910 S. 1003.
[4]) Lempelius: Gasabsatz, Einheitspreis, Gasautomaten, Journ. f. Gasbel. 1910 S. 361.
[5]) Strache: Rauchplage und Heizgasversorgung. Zeitschr. d. österr. Gasver. 1910 S. 216.
[6]) Elektrisches Kochen und Heizen. Journ. f. Gasbel. 1910 S. 149 u. 309.

Interessant ist eine Zusammenstellung der Gaskonsumziffern, die sich bei fünf Konsumenten gemäß einer Veröffentlichung von A n z b ö c k[1]) wie folgt ergaben:

| Anzahl der Personen | Gasherde | Bügeleisen | Badeofen | Jahreskonsum cbm |
|---|---|---|---|---|
| 4 | I | I | I | 492 |
| 3 | I | I | I | 424 |
| 3 | I | I | — | 702 |
| 6 | I | I | I | 649 |
| 5 | I | I | I | 592 |

Einen Kostenvergleich zwischen Gas- und elektrischer Küche gab S c h i l l i n g[2]), wie folgt:

Es kosten:

| | bei einem Strompreise von 2 Pf. pro HW/St. | bei einem Gaspreise von 14 Pf. pro cbm |
|---|---|---|
| 1 l Wasser zum Sieden zu erhitzen | 2,24 Pf. | 0,05 Pf. |
| 4 Tassen Kaffee zu kochen | 1,28 » | 0,36 » |
| 0,85 kg Fleisch zu kochen | 4,80 » | 0,86 » |
| 0,6 kg Kartoffel zu rösten | 3,00 » | 0,90 » |
| 3 Entrekots zu braten | 2,00 » | 0,50 » |
| 1 kg Kalbsbraten nebst Sauce herzustellen | 16,00 » | 0,16 » |
| 1 Stunde zu bügeln | 7,20 » | 3,64 » |

Eine außerordentliche Entwicklung hat der Heiz- und Kraftgasverbrauch u. a. auch in Freiburg i. B. erfahren. Es betrug dort der Wärme- und Kraftgasverbrauch:

$$1890 . . . . . . . . . . . . . 7,15 \%$$
$$1900 . . . . . . . . . . . . . 32,64 »$$
$$1909 . . . . . . . . . . . . . 51,93 »$$

In dieser Beziehung kann viel erreicht werden, wo das Gaswerk die Stelle eines vertrauenswürdigen Beraters übernimmt und dem Konsumenten bei Beschaffung geeigneter Apparate sparen hilft[3]). In der Art, wie die Feuerungen betrieben werden, ist in vielen Zweigen der Technik noch kaum ein Unterschied bemerkbar gegenüber dem, was unsere Vorfahren im alten Rom, ja sogar im alten Ägypten gekannt und geübt haben[4]). Die mittleren und kleineren Feuerungen in den Werkstätten und Fabriken stehen heute noch auf derselben niedrigen Stufe wie vor 1000 Jahren. Nicht nur hygienische sondern auch praktisch-technische Gründe sprechen für die Einführung der Gasfeuerung in der Industrie. Die Verfeinerung der Erzeugnisse, die Beschleunigung der Fabrikation und die Automatisierung der Arbeitsvorgänge ist nur dadurch möglich, daß man das Feuer selbst verfeinert, indem man gasförmiges Brennmaterial anwendet. Die Vorzüge liegen in der Formbarkeit und Biegsamkeit der Gasflamme, in der Anpassungsfähigkeit in bezug auf Größe, Gestalt und Temperatur, in der Möglichkeit, die Flamme am Werkzeug oder an der Arbeitsmaschine selbst anzubringen, sie eventuell selbst als Werkzeug auszubilden. Die selbsttätige Regulierung der Temperatur und das automatische An- und Abstellen machen die Gasheizung in manchen Fällen ganz unentbehrlich.

S c h ä f e r[5]) bespricht in einem besonderen Artikel die verschiedenen Anwendungen des Gases als Gasschmiede-, Gaslöt-, Gasschweiß-, Gasschmelz- und Gasbacköfen, Gaskoch-

---

[1]) Zeitschr. d. österr. Gasver. 1910 S. 93.
[2]) Journ. f. Gasbel. 1910 S. 755.
[3]) S c h i l l i n g : Journ. f. Gasbel. 1910 S. 624.
[4]) S c h ä f e r : Zeitschr. d. österr. Gasver. 1910 S. 552. Journ. f. Gasbel. 1910 S. 899.
[5]) Journ. f. Gasbel. 1910.

kessel, Trockenöfen, Abspreng- und Verschmelzfeuer für die Glasindustrie, Warmwasser- und Dampfautomaten.

In ausführlicher Weise bespricht auch S c h i l l i n g[1]) die Verwendung des Gases zu technischen Zwecken. Er führt eine Reihe von Fabriken an, welche diesbezüglich muster- haft eingerichtet sind. So z. B. gibt es bei den Isaria-Zählerwerken überhaupt keinen Schorn- stein, ebenso keinen Dampfkessel oder sonstige Rauch oder Ruß entwickelnde Feuerungs- anlage. Für alle Zwecke tritt dort Steinkohlengas an die Stelle der Kohle. Das Gas wird dort zur Beheizung der Trockenöfen, zu Lötzwecken, zum Schmelzen in den Gießöfen, zur Erwärmung der galvanischen Säure- und Wasserbäder, zum Ausglühen und Härten in Muffel- öfen, zum Härten in den sog. Schmelzbadregenerativgasglüh- und Härtetiegelöfen der Firma H a h n & K o l b in Stuttgart und zum Ausglühen schwerer Arbeitsstücke in vier Gas- schmiedefeuern verwendet. S c h i l l i n g gibt ferner ein ausführliches Verzeichnis über die Anwendungsgebiete des Gases, die hierfür gebrauchten Apparate und die Fabrikanten derselben. Ein reiches Feld für die Anwendung des Gases bietet die Härtetechnik. Die Werkzeuge werden in Muffelöfen zum Glühen gebracht und auf eine ganz bestimmte Tem- peratur, je nach der Stahlqualität (550 bis 1200° C) erhitzt. Das Abkühlen, Anlassen, Nach- lassen oder Temperieren erfolgt unter Luftabschluß in Bädern von Salzlösungen, Öl oder von geschmolzenen Weichmetallen. Einen Überblick über solche Öfen gibt die Broschüre »Moderne Gasfeuerstätten« von D e F r i e s e & C o. in Düsseldorf. Öfen zum Ein- brennen von Emailmalerei u. dgl. sind in übersichtlicher Weise in dem Katalog von P a u l A. F. S c h u l z e in Dresden zusammengestellt.

Die elektrotechnischen Fabriken sind gute Gasabnehmer, da sie dasselbe zum Schmelzen der Glasbirnen und Fassungen für die Fäden benutzen, ebenso verwenden Akkumulatoren- werke Gas zum Schmelzen der Bleiplatten. Setz- und Gießmaschinen liefert das K e m p e l - w e r k in Nürnberg und H e n r y G a r d a in Leipzig. In der Buchdruckerei wird das Gas zum Schmelzen von Letternmetall verwendet.

Für die autogene Schweißung hat die Firma K e l l e r & K n a p p i c h in Augsburg- Oberhausen auch das Steinkohlengas dienstbar gemacht, worüber die Broschüre »Die autogene Schweißung mit Leuchtgas-Sauerstoff« von A u g u s t K n a p p i c h in Augsburg nähere Auskunft gibt.

Ferner verweist S c h i l l i n g auf die Anwendung des Gases in Sengmaschinen für die Textilindustrie zur Herstellung der Hutformen, in Kartonagenfabriken, zum Plätten speziell nach System H e n n i g e r in Hamburg, für Brutkästen zur Züchtung von Bakterien, wobei die Temperatur auf $1/10$° konstant gehalten wird. Solche Apparate liefern die V e r - e i n i g t e n F a b r i k e n f ü r L a b o r a t o r i u m s b e d a r f in Berlin, ferner wird auch Gas in den Gasräucheröfen der Firma R i c h a r d H e i k e in Berlin C, dann zum Rösten von Kaffee (K i r s c h & M a u s e r s, Heilbronn) sowie zum Einkochen von Kon- serven verwendet.

Die Verwendung des Gases im Hotel-Restaurationsbetrieb wird von S c h i l l i n g ebenfalls ausführlich erörtert und sind Musterbeispiele angeführt. Beim Selbstkochkippkessel der S c h w e i z e r i s c h e n G a s a p p a r a t e n f a b r i k in Solothurn ist der Kessel derartig nach außen isoliert, daß kein Wärmeverlust stattfindet. Nach dem Ankochen wird nicht nur der Gashahn sondern auch der Luftzutritt angeschlossen und findet dann das selbsttätige Weiterkochen statt.

Auch das K r a n k e n h a u s M ü n c h e n - S c h w a b i n g suchte die Verun- reinigung der Luft durch Kohlenstaub zu vermeiden und wurde daher in umfangreicher Weise mit Gas versorgt, woran die Münchener Herdfabrik W a m s l e r und G e b r ü d e r

---

[1]) Journ. f. Gasbel. 1910 S. 433, 624, 715, 794, 1178. Zeitschr. d. österr. Gasver. 1910 S. 479.

D e m e r beteiligt sind. Die Rost- und Spießbratapparate der Firma A. V o ß sen. in Hannover-Sarstedt sind ebenfalls häufig angewendet. Die Spülmaschine »Vortex« vermag in der Stunde 3000 bis 6000 Geschirre zu spülen. Sie besitzt große Gasbrenner, welche das Wasser heizen. Ein Geschirrwärmeschrank mit Gasheizung ist in besonders schöner Ausführung im S a n a t o r i u m   D a v o s - D o r f aufgestellt.

Auch in der Wurstwarenfabrikation (z. B. von K a r l in München) wird Gas für die Räucherung verwendet. Solche Apparate werden von der Firma O t t   &   C h r i s t i a n in Kassel hergestellt. Ein neuer Gasräucherschrank wird auch von C. H e i k e , Berlin C, geliefert.

In neuester Zeit sind auch Versuche gemacht worden, das Zementieren des Stahls mittels Gas durchzuführen[1]). Die Erhöhung des Kohlenstoffgehaltes wird durch Erhitzen im Gase erreicht. Bei der großen Bedeutung, welche der gebundene Stickstoff für die Kohlung des Stahls besitzt, wurde das Gas mit Ammoniak beladen. Auch Versuche mit Kohlenoxyd und Ammoniak und Azetylen mit Ammoniak gaben gute Resultate.

M e s s i n g e r[2]) empfiehlt die Anwendung des Preßgases für alle technischen Zwecke. Es wird dadurch der Vorteil erreicht, daß man keine besondere Luftleitung benötigt und doch Flammen von beliebig hoher Temperatur erzielt. Es sind derartige Preßgasbrenner konstruiert worden für Metallschmelzereien, Lötereien, bei denen die Lötflamme sich die erforderliche Luft selbst ansaugt, ferner für Schmiedefeuer, wie ein solches in Fig. 51 dargestellt ist. Der Gaskonsum eines solchen Schmiedefeuers beträgt 4 bis 9 cbm. Die Preßgasgebläsebrenner finden ferner Anwendung für Gasmuffelöfen, Tiegelschmelzöfen, Öl- und Talgbäder, bei Gasrohrschweißfeuern, Gaslöttischen

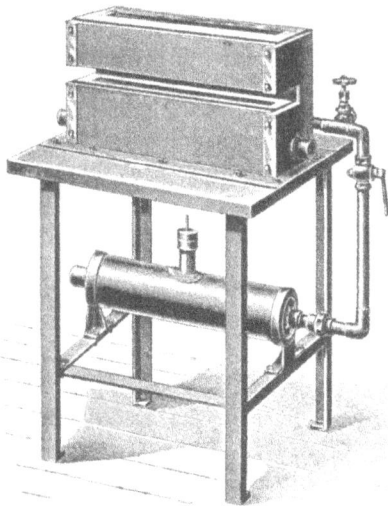

Fig. 51.

und bei Spezialgasöfen zum Glühen und Schmelzen aller Glasarten, auch zum Kochen für Wasser, Leim und Kleister kann Preßgas vorteilhaft verwendet werden, ebenso bei Plättereien. Der Vorteil bei allen diesen Verwendungsarten liegt nicht nur in dem Wegfall der Luftleitung, sondern auch in der Unabhängigkeit von dem vorhandenen Gasdrucke.

Ein Preßluftgasbrenner zum Anheizen von Kupolöfen wurde von N e u f a n g[3]) angegeben. Der Brenner arbeitet mit normalem Gasdruck und Preßluft von $1\frac{1}{2}$ bis 2 Atm. und gibt eine Flamme von 1 bis $1\frac{1}{2}$ m Länge, die auf den Koks angehalten, denselben in zehn Minuten entzündet. Die Kosten einer Zündung betragen 20 Pf., während sie bisher beim Anheizen mit Holz 75 Pf. betrugen.

H e r z f e l d[4]) erläutert die Anwendung der entleuchteten Flamme zum Schweißen, Löten und Brennen von Metallen. Er führt eine Reihe von Lötkolben, eine Lötkanone,

---

[1]) Stahl und Eisen 1910 S. 306. Journ. f. Gasbel. 1910 S. 902.

[2]) Journ. f. Gasbel. 1910 S. 1048.

[3]) Journ. f. Gasbel. 1910 S. 902. Stahl und Eisen 1910 S. 911.

[4]) Verhandlungen des Vereins zur Förderung des Gewerbefleißes 1910 S. 331. Journ. f. Gasbel. 1910 S. 879.

Bandsägelötmaschinen sowie Schweißbrenner teils unter Verwendung von Leuchtgas und Leuchtgassauerstoffflammen, teils für Azetylensauerstoff vor.

Es dürfte sehr im Interesse der Entwicklung der Gasheizung gelegen sein, daß man sich nunmehr in intensiverer Weise mit der Erprobung der Nutzeffekte von Gasheizöfen befaßt. Auch in England sind gemäß des Berichtes der e n g l i s c h e n G a s h e i z - k o m m i s s i o n[1]) ausführliche Untersuchungen hierüber angestellt worden. Man legt in England den größten Wert darauf, möglichst viel strahlende Wärme zu erhalten. Es wurde gefunden, daß 30% der Gesamtwärme in Form von Strahlung ausgenutzt werden. Durch Anwendung von Reflektoren wird dieser Betrag erhöht. Die durch Leitung an die Luft abgegebene Wärmemenge betrug 40%. Die Wärmeverluste durch die Abgase werden mit 19 bis 42% angegeben. Die Steigerung des Kohlensäuregehaltes der Zimmerluft ist so gering, daß derselbe unter 6 pro Mille bleibt. Der absolute Feuchtigkeitsgehalt der Zimmerluft steigt während der Heizungsperiode, der Sättigungsgrad der Luft fällt jedoch zufolge der Zunahme der Temperatur. Y a t e s betont im Anschluß an diesen Bericht besonders, daß die strahlende Wärme die richtige Form der Heizung sei und W i l s o n meinte, daß sich die Kaminverluste auf 10 bis 15% herabsetzen ließen.

K r o p f[1]) zeigte in einer Zusammenstellung über die Resultate, die bei der Untersuchung von Gasheizöfen in der V e r s u c h s a n s t a l t f ü r G a s b e l e u c h t u n g, B r e n n s t o f f e u n d F e u e r u n g s a n l a g e n an der Technischen Hochschule in Wien erhalten wurden, daß man hier in der Ausnutzung der Wärme bereits viel weiter vorgeschritten ist, als man sich in England nur wünscht. Die Untersuchungen erstreckten sich hier auf den Nutzeffekt, auf die Strahlung des Reflektors, auf die Beschaffenheit der Zimmerluft und die Vollkommenheit der Verbrennung. Um vom Schornsteinzug unabhängig zu sein, wurden bei den Untersuchungen stets Unterbrechungen im Schornstein angeordnet. Die Resultate sind folgende:

|  | I | II |
|---|---|---|
| Nutzeffekt im Ofen . . . . . . . . . . . . . . . . | 86,2 % | 90,5 % |
| Bis zum Unterbrecher . . . . . . . . . . . . . . . | 88,1 % | 95,0 » |
| Bis zum Verlassen des Raumes . . . . . . . . . . . | 92,3 % | 96,7 » |

Der relative Feuchtigkeitsgehalt der Zimmerluft sank innerhalb vier Stunden um 2 bis 4%. Der Kohlensäuregehalt stieg um 2,5 bis 3,5 pro Mille. Zur Messung der Reflektorstrahlung wurden zwei Methoden verwendet:

1. Der Ofen wurde in ein Gehäuse aus Blech gebracht, das vor dem Reflektor einen Ausschnitt hatte, der durch einen Schieber verschlossen werden konnte. Oben endete das Gehäuse in ein weites Rohr, aus dem die erwärmte Luft ausströmte. aus deren Menge und Temperatur bei offenem und geschlossenem Schieber sich die Wirkung des Reflektors ermitteln ließ. Sie ergab sich bei Ofen Nr. I zu 4,5%.

2. Vor der Reflektoröffnung wurde ein von Wasser durchflossenes rechteckiges Kalorimetergefäß aufgestellt, welches auf der dem Ofen zugewandten Seite berußt, auf der anderen Seite zur Verminderung der Ausstrahlung blank geputzt war. Die Menge des zufließenden Wassers wurde derart reguliert, daß die mittlere Temperatur desselben im Kalorimeter mit der Temperatur der Luft hinter der blank gescheuerten Kalorimeterfläche die gleiche war, so daß hier keine große Wärmemenge ausstrahlen konnte. Die Menge- und Temperaturerhöhung des Wassers ergab somit ohne weiteres die vom Reflektor ausgestrahlte Wärme-

---

[1]) Zeitschr. d. österr. Gasver. 1910 S. 290.
[2]) Zeitschr. d. österr. Gasver. 1910 S. 343.

menge. Sie betrug beim Ofen Nr. II 7,2%. K r o p f regt an, zu erwägen, ob es nicht möglich wäre, den oberen Heizwert des Gases auszunutzen an Stelle des unteren, indem man die Abkühlung der Abgase bis zur vollständigen Kondensation des Wassers treibt. Die vom Wasser zum größten Teil befreiten Abgase müßten dann nachträglich mit Luft vermischt und mäßig erwärmt werden, wodurch die lästigen Kondensationen in den Abzugsrohren vollständig vermieden werden könnten.

Die Einrichtung eines Laboratoriums zur Untersuchung von Gasheizöfen von J o h n W r i g h t & C o. in Birmingham ist im Journal of Gaslighting[1]) beschrieben.

R ö d e n b e c k[2]) berichtet über einige Neuerungen, welche die Firma F r i e d r i c h S i e m e n s an Gasheizapparaten angebracht hat. Er erinnert zunächst daran, daß zufolge der Vorschriften der Heizkommission des deutschen Vereins ein Gasheizofen so konstruiert sein muß, daß unabhängig von der Wirksamkeit des Abzugsrohres weder unvollständige Verbrennung noch gar ein Verlöschen der Flammen eintreten kann. Die Anordnung von Unterbrechern im Schornstein hält Rödenbeck für weniger vorteilhaft. Beim S i e m e n s - schen Gasheizofen sind die obigen Bedingungen auch ohne Anordnung eines Unterbrechers erfüllt, denn selbst beim vollständigen Versagen des Abzuges ist bei ihnen die vollkommene Verbrennung gewährleistet.

Für Gasbadeöfen und Heißwasserapparate bringt die Firma S i e m e n s den Doppel- sicherheitszündhahn »Ex« auf den Markt, bei welchem durch die Zündflamme und den Wasserdruck das Gasventil geöffnet wird. Verlischt die Zündflamme wieder oder wurde deren Entzünden vergessen, so findet selbst bei geöffnetem Gashahn nie Gaszutritt zum Brenner statt. Man kann das Gasventil nicht öffnen, bis eine Flüssigkeit durch die Wärme der Zündflamme ausgedehnt wird und dem bewegten Hebel einen Stützpunkt für das Öffnen des Gasventils bietet. Ein gleicher Hahn soll auch für den S i e m e n s schen Gasheizofen auf den Markt kommen.

Eine weitere Neuerung, welche die Firma Fr. S i e m e n s eingeführt hat, ist ein Wärmeregler, wobei ein mit einer leichtsiedenden Flüssigkeit gefülltes Metallrohr die Be- tätigung des Ventils übernimmt. Schließlich macht R ö d e n b e c k noch auf eine auto- matisch wirkende Brennerzündung bei Gaskochern aufmerksam, die ebenfalls von der Firma S i e m e n s hergestellt wird. Beim Aufsetzen eines Topfes wird mittels eines Hebels der Hahn zum Brenner geöffnet, so daß sich das Gas an einer Zündflamme entzündet. Beim Wegschieben des Topfes erlischt die Hauptflamme wieder.

M e u r e r[3]) machte darauf aufmerksam, daß ein Kochgasanschluß ca. 1,8 mal mehr Gaskonsum hervorruft, als der Verbrauch an Beleuchtungsgas im gleichen Haushalt. Der Anschluß eines Badeofens gibt das 1,2 fache des Beleuchtungsgaskonsums. Bei der Er- wärmung von Wasser auf einem Herde wird nur die Hälfte des gesamten Gasverbrauches zur Erwärmung des Wassers selbst benutzt. Es ist in diesem Fall viel zweckmäßiger, einen besonderen kleinen Heißwasserspender zu installieren, der das heiße Wasser auf rationellerem Wege erzeugt. Auf diese Weise können an einem Herd allein K 25 pro Jahr gespart werden. M e u r e r empfiehlt den Gaswerken, die installierten Heizapparate von Zeit zu Zeit zu kon- trollieren, um die Konsumenten stets zufrieden zu halten. Auch hätten die Gaswerke die Pflicht, die Konstruktion und Wirkungsweise der angekauften oder empfohlenen Apparate genau zu prüfen. Bei Kochern sei es notwendig, daß alle Teile auswechselbar sind. Von der Benutzung von Blech als Konstruktionsmaterial rät er ab. Ob Kocher mit Wärme- stellen jenen Kochern, bei denen jede Kochstelle einen eigenen Brenner besitzt, ebenbürtig

---

[1]) Journ. f. Gasbel. 1910 S. 20.
[2]) Zeitschr. d. österr. Gasver. 1910 S. 357.
[3]) Zeitschr. d. österr. Gasver. 1910 S. 394.

sind, sei noch nicht entschieden. Der Gasverbrauch der ersteren sei zwar um 8 bis 10%
niederer, dafür aber erfordern sie eine längere Kochzeit. Die Kocher mit Wärmestellen
stellen sich etwas billiger.

S c h ö n e[1]) empfiehlt mit Recht, den Düsen der Heizbrenner dieselbe Aufmerksamkeit zu schenken wie den Düsen der Leuchtbrenner. Das richtige Mischungsverhältnis
zwischen Luft und Gas muß auch bei der Konstruktion von Gaskochern berücksichtigt

Fig. 52.

werden. S c h ö n e verwendet Brenner mit axialer Düsenregulierung und erreicht dadurch
das Erwärmen des Wassers von 18 auf 100⁰ mit einem Gasverbrauch von nur 30 bis 35 l.
In einem weiteren Vortrage riet S c h ö n e[2]) vor der Verwendung emaillierter Kocher ab,
weil der Emailüberzug abblättert. Ebenso sei das Abschleifen der Kochplatten zu verwerfen, weil hierdurch die widerstandsfähige Gußhaut entfernt wird. Ein großer Teil der
Wärme, der bei den gewöhnlichen Kochern verloren geht, läßt sich sparen, wenn man unter
den Brennern ein Wasserbassin anbringt (Fig. 52). Gas wird auch verschwendet, wenn

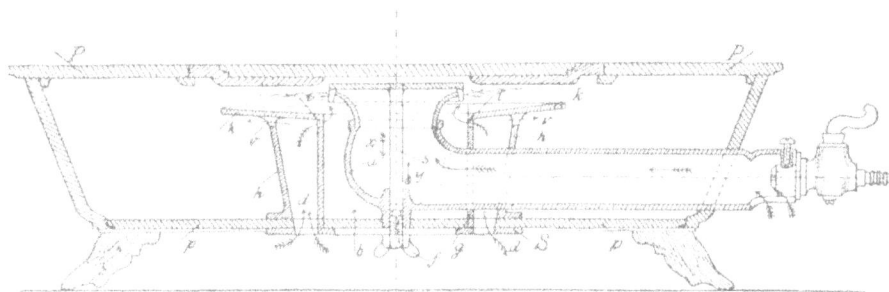

Fig. 53.

man bei geschlossener Herdplatte ankocht. Dies soll bei umgedrehten Spreizenring ge-
schehen. Das Weiterkochen soll dann bei geschlossener Kochplatte erfolgen. Um Wasser
zum Kochen zu bringen, muß der Topf unbedingt bedeckt werden. Eine Gasersparnis kann
auch durch Vorwärmung der Verbrennungsluft erzielt werden, wie dies die Querschnitts-
zeichnung Fig. 53 zeigt. Auch S c h ö n e bezeichnet die Gaskochplatten mit den sog. Fort-
kochstellen als unrationell.

Betreffs der Gasheizöfen bemerkt S c h ö n e , daß bei Radiatoren immer von außen
kenntlich sein soll, ob die Flammen tadellos brennen. Ferner tritt derselbe dafür ein, daß

---

[1]) Journ. f. Gasbel. 1910 S. 1072.
[2]) Zeitschr. d. österr. Gasver. 1910 S. 461.

8*

die Breitseite der Flammen in der Richtung der größten inneren Weite des Radiatorrohres zu liegen komme, wie dies in Fig. 54 erkenntlich ist. Bei der umgekehrten Anordnung der Flammen geht ein Teil der Verbrennungsprodukte in den zu beheizenden Raum. Ebenso seien Längsbrenner mit vielen kleinen Brennerlöchern zu verwerfen, weil dadurch der untere Teil des Ofens so heiß werde, daß der darauffallende Staub anbrennt. S c h ö n e hält es für notwendig, daß die Verbrennungsprodukte beim Anheizen mit mindestens 100° C in den Kamin treten, meint aber, daß in dem Moment, wo sich die Luftsäule einmal in Be-

wegung befindet, eine niedrigere Temperatur eintreten könne. Ein Abzugsregulator muß verhindern, daß etwaige Windstöße auf die Flammen einwirken können (Fig. 55.)

Nach S c h ö n e erreicht man den größten Nutz-effekt, wenn die Röhren aus Schwarzblech bestehen und der Querschnitt derselben oval ist und wenn sich die Röhren so nahe wie möglich nebeneinander befinden. Gegen die Anwendung von Gußeisen, welche starke Wasserkondensation beim Anheizen hervorruft, spricht nach S c h ö n e s Ansicht auch der Umstand, daß sich auch beim Kleinstellen Niederschläge bilden und daß die Öfen schwer sind, so daß das Auswechseln der Rohre mit

Fig. 54.

höheren Kosten verbunden ist. Radiatoren, welche eine Zündflamme besitzen, wie Fig. 54 zeigt, müssen die Flammen in der Längsrichtung der Rohrachse tragen. S c h ö n e hält diese Stellung, wie bereits erwähnt, für falsch und meint, daß dabei eine Rußbildung möglich sei und auch eine Überhitzung des Fußteiles des Ofens hervorgerufen werde. Es scheint jedoch, daß bei entsprechender Konstruktion diese von S c h ö n e gefürchteten Nachteile nicht auftreten.

Das Gaswerk R a t h e n o w[1] empfiehlt eine Gasbügeleinrichtung, bei welcher jedes Bügeleisen einen Gas- und Luftschlauch trägt. Die beiden vereinigen sich in 1 m Entfernung vom Plätteisen, so daß die Mischung von Gas und Luft schon hier stattfindet. Der stündliche Gasverbrauch beträgt ca. 100 l[2].

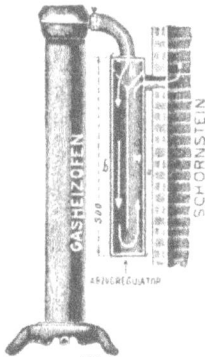

H e i s e empfiehlt die Anordnung einer einzigen Zünd-flamme für zwei Brenner bei Kochapparaten, wodurch an Gas-verbrauch der Zündflamme, welcher nur 5,5 bis 6 l pro Stunde beträgt, gespart wird.

In sehr entschiedener Weise muß gegen den Vertrieb minder-wertiger Gasverbrauchsapparate Stellung genommen werden. Wie F r e n z e l[3] hervorhebt, liegt eine große Gefahr für das Instal-lationsgewerbe darin, daß minderwertige Apparate empfohlen wer-den. Dieser Gefahr kann nur durch Abweisung aller nicht in jeder Hinsicht einwandfreien Fabrikate begegnet werden, und es sollte auf den Preis weniger Rücksicht genommen werden. Hochwichtig ist

Fig. 55.

auch eine fachgemäße Aufklärung aller beteiligten Kreise. In gleicher Weise tritt F u s b a h n[4] für die Abwehr gegen den Vertrieb minderwertiger Apparate ein.

Betreffs der Prüfung von Gaskochern bemerkt M e u r e r mit Recht, daß die Koch-wirkung nicht nur von der Güte des Brenners sondern auch von der Art des Kochgefäßes

---

[1] Journ. f. Gasbel. 1910 S. 1036.
[2] Geliefert von E. H o r s t , Berlin, Höchstestraße.
[3] Zeitschr. d. österr. Gasver. 1910 S. 176.
[4] Zeitschr. d. österr. Gasver. 1910 S. 151. Journ. f. Gasbel. 1910 S. 183.

abhänge. Emaillierte Töpfe geben ein um ca. 5°/₀ ungünstigeres Resultat als solche aus blanken Metallen. Auch ist die Größe des Gefäßes und seine Wasserfüllung von Einfluß. Es wäre daher empfehlenswert, eine Normalprüfungsmethode für Kocher auszuarbeiten[1]). Einen diesbezüglichen Vorschlag will er der Versuchsgasanstalt in Karlsruhe unterbreiten[2]). Man glaubt, die Unparteilichkeit gewahrt zu haben, wenn man bei Kochversuchen das gleiche Gas, das gleiche Wasserquantum und die gleichen Topfgrößen verwendet[3]). In diesem

Falle bevorzugt man bei gleichem Gasverbrauch den im Verhältnis zur Topfgröße kleineren Brenner. Man müßte entweder die Topfgröße in ein gewisses Verhältnis zur Gasmenge bringen oder das Resultat umrechnen. Fig. 56 zeigt, daß schon geringe Gasverbrauchsunterschiede wesentliche Differenzen im Wirkungsgrad ergeben. Ferner bemerkt M e u r e r, daß der Eintritt des Siedens schwer genau zu ermitteln sei, es sei daher besser, das Wasser nur bis 95° C zu erhitzen. Der Nutzeffekt eines Kochers ist von der Anordnung der Streben zum Topfboden, der Entfernung der Flamme von diesem, von der Form und Richtung der Flamme, von der Ausstrahlung und Wegführung der Wärme und von der Zusammensetzung des primären Gasgemisches beeinflußt. Ferner ist die Güte eines Gaskochers auch davon abhängig, ob der Brenner von Laienhand oder mit Aufmerksamkeit bedient wird. W o b b e[4]) hält dagegen die von M e u r e r hervorgehobenen Differenzen für nicht so maßgeblich. Falls die Apparate richtig durchgebildet seien und die Versuche einwandfrei gemacht würden, genüge es, wenn man einen

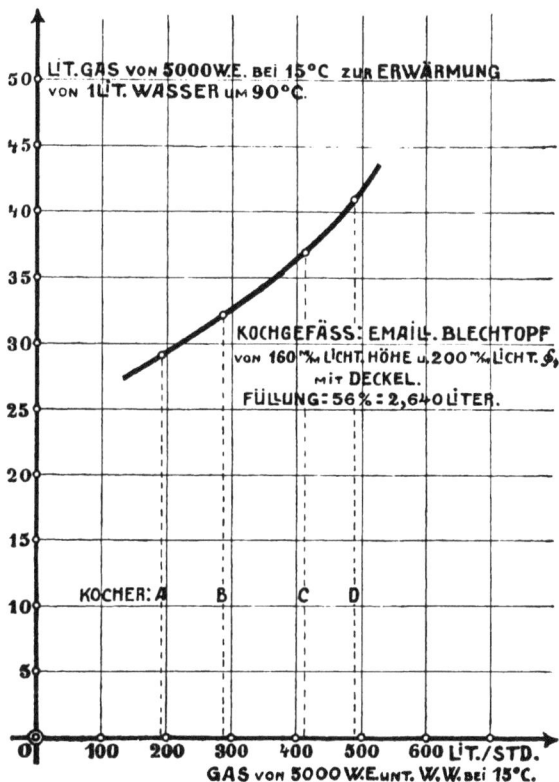

Fig. 56.

Kochtopf wählt, der annähernd dem Durchmesser des Kochers entspricht. Um die Ungenauigkeit der Thermometer auszuschalten, tut man gut, bis auf nur 99° C zu erhitzen. W o b b e empfiehlt, für je 2 qcm Bodenfläche des Kochtopfes je 1 l/Std. Gasverbrauch zu wählen, um stets gleichmäßige Resultate zu erzielen.

Betreffs der Verwendung des Gases zum Motorenbetrieb verweist L i c k f e l d[5]) neuerdings auf die Kleingasmotoren. Für den Kleinbetrieb bis zu ca. 10 HP sei der Leucht-

---

[1]) Zeitschr. d. österr. Gasver. 1910 S. 394.
[2]) Journ. f. Gasbel. 1910 S. 1075.
[3]) Journ. f. Gasbel. 1910 S. 946.
[4]) Journ. f. Gasbel. 1910 S. 1007 u. 1146.
[5]) Journ. f. Gasbel. 1910 S. 1013.

gasmotor noch immer die sicherste und billigste Kraftmaschine, trotzdem die Wärme im Gase dreimal teurer sei als die Wärme im Rohöl. Die Vorzüge liegen aber darin, daß die Auspuffgase nicht belästigen, daß die Verbrennung ohne störende Rückstände erfolgt und daß die Lagerung des Brennmaterials entfällt. Kleinmotoren liefern die C u d e l l - M o t o r e n - g e s e l l s c h a f t m. b. H., Berlin 65, mit 500 bis 1000 Touren pro Minute, die A a c h e n e r S t a h l w a r e n f a b r i k, A k t. - G e s., im Fafnirmotor ebenfalls mit 500 bis 1000 Touren, die M a r i e n h ü t t e, A k t. - G e s., in Kotzenau (Schlesien) mit 450 bis 650 Touren, die G a s m o t o r e n f a b r i k D e u t z mit 260 bis 350 Touren, G e b r ü d e r K ö r t i n g, A k t. - G e s., mit 270 bis 300 Touren, I. E. C h r i s t o f f und die M a s c h i n e n f a b r i k, A k t. - G e s., i n N i e s k y bei Görlitz.

Die Gaskleinmotoren werden der Verwendung des Gases zum Motorenbetrieb voraussichtlich einen neuen Aufschwung geben; bisher ist der Gasmotor stark durch den Elektromotor verdrängt worden. S c h i l l i n g[1]) gibt eine Zusammenstellung, wonach im Jahre 1898 ca. 36 000 PS, 1908 dagegen bereits an 900 000 PS in Form von Elektromotoren in Deutschland aufgestellt waren, während die Gasmotoren nur 180 000 PS erreichten. Beim Kleinmotor stellt sich das Verhältnis günstig, weil z. B. der Anschaffungspreis eines 5 PS-Fafnirmotors mit Zubehör nur M. 1165 beträgt und die Betriebskosten bei einem Gaspreis von 12 Pf. bei 750 l Verbrauch pro PS-Stunde jährlich auf M. 540 kommen, während ein gleicher Elektromotor mit M. 850 Anlagekosten jährlich M. 864 an Strom verbraucht, so daß also der Gasmotor beträchtlich billiger arbeitet. Zweckmäßig wäre es allerdings, wenn die Gaswerke die Gasmotoren gegen ratenweise Rückzahlung den Gaskonsumenten beistellen würden, wie dies in F r e i b u r g i. B.[2]) der Fall ist.

---

[1]) Journ. f. Gasbel. 1910 S. 755.
[2]) Journ. f. Gasbel. 1910 S. 688.

# Sachregister.

124

# Autoren-Register.

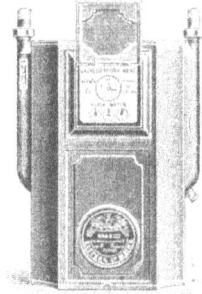

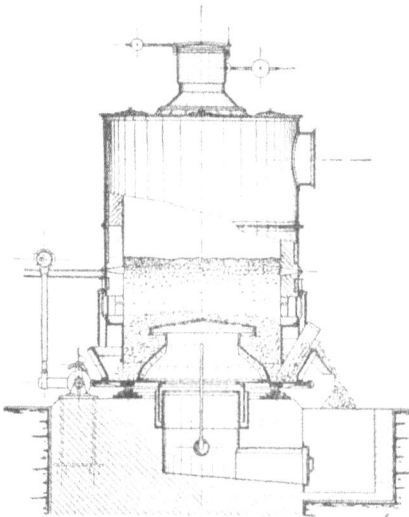

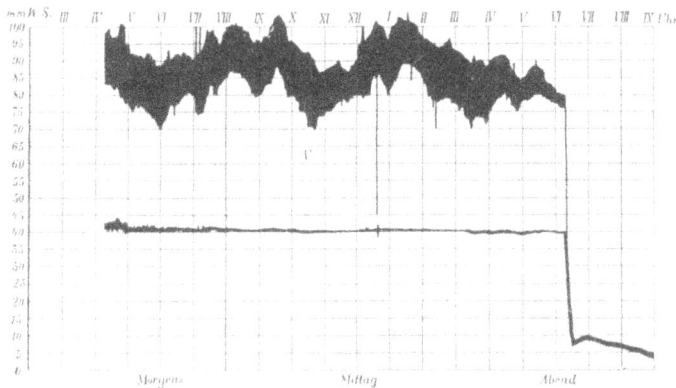

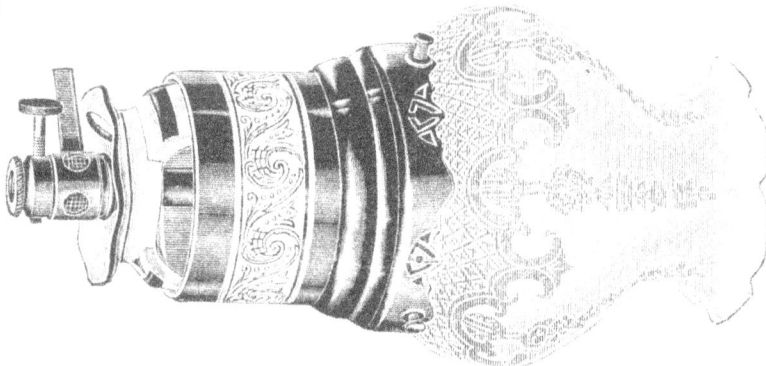

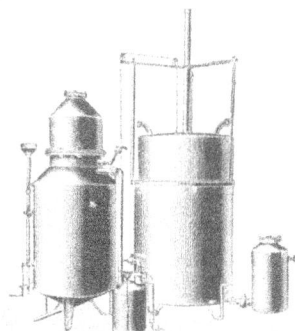